# 继电保护故障信息可视化
# 分析与挖掘技术

廖小君　编著

黄河水利出版社
·郑州·

## 内 容 提 要

为了帮助从事继电保护故障分析工作的技术和管理人员全面系统地了解继电保护故障信息可视化及数据挖掘的技术发展,特编写此书。本书主要内容有数据分析与挖掘基础、继电保护故障信息的建模、继电保护故障信息的诊断分析技术、继电保护故障信息的可视化技术等。该书内容涉及多个学科,覆盖面广,系统性强,有一定的理论深度和较强的专业性,大量吸纳了作者多年故障分析的经验和先进技术,并融入了作者从事多年继电保护实际工作的独立见解。

本书实用性较强,可作为继电保护专业技术人员的培训教材,亦可作为同类专业的高校本科生和有关工程技术人员的教学参考书。

**图书在版编目(CIP)数据**

继电保护故障信息可视化分析与挖掘技术/廖小君编著. —郑州:黄河水利出版社,2022.9
ISBN 978-7-5509-3383-5

Ⅰ.①继… Ⅱ.①廖… Ⅲ.①继电保护-故障诊断-信息处理 Ⅳ.①TM77

中国版本图书馆 CIP 数据核字(2022)第 165985 号

组稿编辑:陈俊克　电话:0371-66026749　E-mail:hhslcjk@ 126. com
　　　　　田丽萍　　　　　66025553　　　　　912810592@ qq. com

出　版　社:黄河水利出版社　　　　　　　　　　网址:www.yrcp.com
　　　　　地址:河南省郑州市顺河路黄委会综合楼 14 层　　邮政编码:450003
发行单位:黄河水利出版社
　　　　　发行部电话:0371-66026940、66020550、66028024、66022620(传真)
　　　　　E-mail:hhslcbs@ 126. com
承印单位:河南新华印刷集团有限公司
开本:787 mm×1 092 mm　1/16
印张:8
字数:200 千字
版次:2022 年 9 月第 1 版　　　　　　　印次:2022 年 9 月第 1 次印刷
定价:45.00 元

# 前　言

目前,对继电保护故障信息数据的分析和挖掘应用不足,不仅对非故障元件的信息利用不足,而且对故障元件的信息挖掘也是远远不够的。对于保护动作行为,往往对不正确动作很关注,正确的则不太关注,更不会对多次正确动作的行为进行基于大量数据的分析和挖掘。但其实系统的每一次故障,对于一二次系统都是一次实战检验,如果对这些大量的故障动作信息进行深入挖掘,包括采用基于大数据的数据分析和挖掘技术,可以对整个二次系统的各种行为进行智能评估,并对新发生的故障行为进行诊断,可发现一些异常且具有非常高的应用价值的信息。

基于大数据的继电保护故障信息的智能分析的内容是根据故障录波器、保护装置、通信设备、网络分析仪、监控系统等收集和分析的数据进行综合性的智能分析。根据各种继电保护故障信息,建立起某一次故障的动作记录(多维多类似的数据)。对于大量的动作记录,则进行智能分析,如通过聚类分析算法,根据不同聚类方式形成不同的动作记录分类,如按照元件分类、按照故障类型分类等。对于这些动作记录,采用统计方法或者其他人工智能算法,分析出典型动作行为特征。实现上述的智能分析和可视化,可以充分利用故障后各种继电保护的故障动作信息对相关一二次元件故障的反应情况进行评估,包括这些元件自身动作情况、相互之间的信号交互情况等,并以可视化图的方式进行展示,从而使继电保护运维人员能够直观有效地进行分析,并能更容易发现有问题的部分。

本书密切结合继电保护故障信息的建模、故障诊断及可视化技术的研究,共分四章,主要内容包括数据分析与挖掘基础、继电保护故障信息的建模、继电保护故障信息的诊断分析技术、继电保护故障信息的可视化技术等。该书内容涉及多个学科,覆盖面广,系统性强,有一定的理论深度和较强的专业性,大量吸纳了作者多年故障分析的经验和先进技术,并融入了作者从事多年继电保护实际工作的独立见解。

本书在编写过程中得到了国网四川省电力公司技能培训中心(四川电力职业技术学院)电网运行培训部冯先正老师、张里博士的大力支持和帮助,在此表示衷心的感谢!

由于作者水平有限,书中难免存在不妥之处,敬请广大读者朋友批评指正。

作　者

2022 年 5 月

# 目　录

# 第一章　数据分析与挖掘基础

## 第一节　数据分析与挖掘简介

### 一、数据分析与大数据

当今社会正处于互联网时代,我们每天都被无数的信息所包围,每天我们使用手机进行网购、发微博、预约医院门诊、玩抖音短视频等。这是一个信息爆炸的时代,这些信息构造出来的数字世界越来越庞大,这些爆炸式增长的数据量就是我们说的大数据。如何从这些海量的数据中挖掘出对我们有用的信息,转化为经济价值,用于支撑各个行业的发展,就是当今大数据算法需要研究的问题。

大数据的发展历程可以划分为萌芽期、成熟期和大规模应用期三个重要阶段:①20世纪90年代至21世纪初,随着数据库技术、数据挖掘理论的不断成熟,一批商业智能工具、知识管理技术开始被应用,如数据仓库、专家系统、知识管理系统等,这时大数据技术处于萌芽期。②21世纪前10年,大数据技术开始进入成熟期,随着非结构化数据的大量产生、Web2.0应用的迅速发展,使用传统的数据处理方法难以分析这些非结构化数据,推动了大数据技术的快速发展,产生了比较成熟的大数据解决方案,形成了并行计算和分布式系统两大核心技术,谷歌的GFS和MapReduce等大数据技术成为热门技术,Hadoop平台开始被大规模应用。③2010年至今,大数据技术进入大规模应用期,大数据应用渗透到各行各业,数据驱动决策,信息社会智能化程度大幅提高。2011年,维克托·迈尔·舍恩伯格出版了《大数据时代》,在全世界范围内引起了轰动。2011年5月,麦肯锡全球研究院发布《大数据:下一个具有创新力、竞争力与生产力的前沿领域》,提出大数据时代到来。

可以用4V(volume、velocity、variety、value)来描述大数据的特点:①大数据的第一个特点是大量化(volume),描述的是数据量体量巨大,这是最直观的一个特点。②大数据具有多形式(velocity)的特点,描述的是数据类型的多样化。以前的数据主要是以结构化数据的形式存在的,而大数据的存在形式却是多样的,既包含传统的结构化数据,也包含XML、JSON等形式的半结构化形式和更多的非结构化数据,既包含传统的文本数据,也包含图片、音频、视频数据。③大数据具有高速率(variety)的特点,描述的是数据产生效率的实时性高,这些海量的数据以非常高速的速率到达系统内部,比如传感器收集到的大量实时数据或股票实时交易数据的传输都很快速。④大数据还有一个特点是价值密度低(value),主要描述的是这些数据的价值,大数据由于体量大,因此其数据的价值密度是比较低的,我们需要对这些海量的低价值原始数据进行数据挖掘和计算,从而找到隐藏在海量数据背后的具备高价值的数据,这也是我们需要进行大数据分析的原因。

实现大数据分布式存储之后,我们需要解决的问题就是对这些海量的数据进行大数据分析。大数据分析要先构建大数据分析模型,通过模型对大数据进行分析。大数据的核心就是预测,是一种机器学习,是把数学算法运用到海量的数据上来预测事情发生的可能性。我们通常是运用机器学习的方法训练大数据模型,从而实现对大数据的分析。

大数据的应用非常广泛,可以说大数据无处不在,在互联网、制造业、金融、汽车、餐饮、电信、能源、体育、教育、物流、城市管理、生物医学和娱乐等在内的各行各业中都得到了应用。大数据比较典型的应用是在互联网领域的应用、在生物医学领域的应用、在能源行业中的应用、在城市管理中的应用。

大数据在互联网领域最典型的应用是推荐系统。在互联网时代,用户可以通过百度或者谷歌等搜索引擎来查找自己感兴趣的信息,但是在用户对自己的需求不太明确的时候,这些搜索引擎是很难帮助用户进行有效的信息筛选的,这时候推荐系统就可以帮助用户。推荐系统可以通过分析用户的历史浏览记录来了解用户的喜好,从而主动为用户推荐其感兴趣的信息,满足用户的个性化推荐需求。阿里巴巴旗下的淘宝网运用大数据技术,做了一个非常强大的推荐系统,根据每位用户的喜好在淘宝首页上推荐不同的商品。

大数据在生物医学领域的应用主要是智慧医疗。智慧医疗是通过打造健康档案区域医疗信息平台,利用最先进的物联网技术和大数据技术,可以实现患者、医护人员、医疗服务提供商、保险公司等之间的无缝、协同、智能的互联,让患者体验一站式的医疗、护理和保险服务。

大数据在能源行业的应用主要是智能电网。传统电网主要是为稳定出力的能源而设计的,没办法有效吸纳处理不稳定的新能源。智能电网的提出解决了新能源的消纳需求。智能电网建立在集成、高速双向通信网络的基础上,通过先进的传感和测量技术、先进的设备技术、先进的控制方法及先进的决策支持系统等技术的应用,实现电网的可靠、安全、经济、高效、环境友好和使用安全的目标,其主要特征包括自愈、抵御攻击、提供满足用户需求的电能质量、容许各种不同发电形式的接入、启动电力市场及资产的优化高效运行。智能电网的发展需要依靠大数据技术的发展和应用,电网实时数据采集、传输和存储,并对海量数据进行快速分析。

大数据在城市管理中发挥着日益重要的作用,典型应用场景是智能交通。智能交通将先进的信息技术、数据通信传输技术、电子传感技术、控制技术及计算机技术等有效集成并运用于整个地面交通管理,同时可以利用城市实时交通信息、社交网络和天气数据来优化最新的交通情况。

## 二、数据挖掘

数据挖掘是人工智能和数据库领域研究的热点问题。所谓数据挖掘,是指从数据库的大量数据中揭示出隐含的、先前未知的并有潜在价值信息的非平凡过程。数据挖掘是一种决策支持过程,它主要基于人工智能、机器学习、模式识别、统计学、数据库、可视化技术等,高度自动化地分析企业的数据,做出归纳性的推理,从中挖掘出潜在的模式,帮助决策者调整市场策略,减少风险,做出正确的决策。数据挖掘过程由以下三个阶段组成:①数据准备;②数据挖掘;③结果表达和解释。数据挖掘可以与用户或知识库交互。

数据挖掘是通过分析每个数据,从大量数据中寻找其规律的技术,主要有数据准备、规律寻找和规律表示三个步骤。数据准备是从相关的数据源中选取所需的数据并整合成用于数据挖掘的数据集;规律寻找是用某种方法将数据集所含的规律找出来;规律表示是尽可能地以用户可理解的方式(如可视化)将找出的规律表示出来。数据挖掘的任务有关联分析、聚类分析、分类分析、异常分析、特异群组分析和演变分析等。

近年来,数据挖掘引起了信息产业界的极大关注,其主要原因是存在大量数据,可以广泛使用,并且迫切需要将这些数据转换成有用的信息和知识。获取的信息和知识可以广泛用于各种应用,包括商务管理、生产控制、市场分析、工程设计和科学探索等。数据挖掘利用了来自如下一些领域的思想:①统计学的抽样、估计和假设检验;②人工智能、模式识别和机器学习的搜索算法、建模技术和学习理论。数据挖掘也迅速地接纳了来自其他领域的思想,这些领域包括最优化、进化计算、信息论、信号处理、可视化和信息检索。一些其他领域也起到了重要的支撑作用。特别地,需要数据库系统提供有效的存储、索引和查询处理支持。源于高性能(并行)计算的技术在处理海量数据集方面常常是重要的。分布式技术也能帮助处理海量数据,并且当数据不能集中到一起处理时更是至关重要。

数据的类型可以是结构化的、半结构化的,甚至是异构型的。发现知识的方法可以是数学的、非数学的,也可以是归纳的。最终被发现了的知识可以用于信息管理、查询优化、决策支持及数据自身的维护等。

数据挖掘的对象可以是任何类型的数据源:可以是关系数据库,此类包含结构化数据的数据源;也可以是数据仓库、文本、多媒体数据、空间数据、时序数据、Web 数据,此类包含半结构化数据甚至异构性数据的数据源。

发现知识的方法可以是数字的、非数字的,也可以是归纳的。最终被发现的知识可以用于信息管理、查询优化、决策支持及数据自身的维护等。

在实施数据挖掘之前,先制定采取什么样的步骤,每一步都做什么,达到什么样的目标是必要的,有了好的计划才能保证数据挖掘有条不紊地实施并取得成功。很多软件供应商和数据挖掘顾问公司提供了一些数据挖掘过程模型,来指导他们的用户一步步地进行数据挖掘工作。

建立数据挖掘模型的步骤主要包括定义问题、建立数据挖掘库、分析数据、准备数据、建立模型、评价模型和实施。具体步骤如下:

(1)定义问题。在开始数据挖掘之前最先的也是最重要的要求就是了解数据和业务的问题。必须要对目标有一个清晰明确的定义,即决定到底想干什么。例如,想提高电子信箱的利用率时,想做的可能是"提高用户使用率",也可能是"提高一次用户使用的价值",要解决这两个问题而建立的模型几乎是完全不同的,必须做出决定。

(2)建立数据挖掘库。包括以下几个步骤:数据收集、数据描述、选择、数据质量评估和数据清理、合并与整合、构建元数据、加载数据挖掘库、维护数据挖掘库。

(3)分析数据。分析的目的是找到对预测输出影响最大的数据字段,以及决定是否需要定义导出字段。如果数据集包含成百上千的字段,那么浏览分析这些数据将是一件非常耗时和累人的事情,这时需要选择一个界面友好和功能强大的工具软件来协助完成这些事情。

　　（4）准备数据。是建立模型之前的最后一步数据准备工作。可以把此步骤分为四个部分：选择变量、选择记录、创建新变量、转换变量。

　　（5）建立模型。是一个反复的过程。需要仔细考察不同的模型以判断哪个模型对面对的商业问题最有用。先用一部分数据建立模型，然后再用剩下的数据来测试和验证这个得到的模型。有时还有第三个数据集，称为验证集，因为测试集可能受模型特性的影响，这时需要一个独立的数据集来验证模型的准确性。训练和测试数据挖掘模型需要把数据至少分成两个部分：一个用于模型训练；另一个用于模型测试。

　　（6）评价模型。模型建立好之后，必须评价得到的结果、解释模型的价值。从测试集中得到的准确率只对用于建立模型的数据有意义。在实际应用中，需要进一步了解错误的类型和由此带来的相关费用的多少。经验证明，有效的模型并不一定是正确的模型。造成这一点的直接原因就是模型建立中隐含的各种假定，因此直接在现实世界中测试模型很重要。先在小范围内应用，取得测试数据，觉得满意之后再向大范围推广。

　　（7）实施。模型建立并经验证之后，可以有两种主要的使用方法：第一种是提供给分析人员做参考；另一种是把此模型应用到不同的数据集上。

# 第二节　数据分析与挖掘算法简介

　　大数据的挖掘是从海量的、不完全的、有噪声的、模糊的、随机的大型数据中发现隐含在其中有价值的、潜在有用的信息和知识的过程，也是一种决策支持过程。其主要基于人工智能、机器学习、模式学习、统计学等。大数据算法有数百种，其大致分为分类算法、回归分析、聚类算法、关联规则、人工智能算法，Web 数据挖掘、深度学习、集成算法等。

## 一、分类大数据算法

　　分类是找出数据中的一组数据对象的共同特点并按照分类模式将其划分为不同的类，其目的是通过分类模型，将数据库中的数据项映射到某个给定的类别中。可以应用到涉及应用分类、趋势预测中，如淘宝商铺将用户在一段时间内的购买情况划分成不同的类，根据情况向用户推荐关联类的商品，从而增加商铺的销售量。很多算法都可以用于分类，如决策树、KNN、贝叶斯、基于案例的推理、卡方自动交互检测等。下面重点介绍最常用的贝叶斯网络算法和 KNN 算法。

### （一）贝叶斯网络算法

　　贝叶斯网络（Bayesian networks），又称信度网（belief networks）、因果网（causal networks）或概率网（probabilistic networks），是当今人工智能领域不确定知识表达和推理技术的主流方法，这主要归功于贝叶斯网络良好的知识表达框架。在一些领域中，借助贝叶斯网络，人们能揭示和发现许多令人信服的概率依赖关系。贝叶斯网络为因果关系的表示提供了一个便利的框架，它是一个功能强大的处理不确定性的工具。贝叶斯网络用图形模式描述变量集合间的条件独立性，而且允许将变量间的依赖关系的先验知识和观察数据相结合。

　　贝叶斯网络是一个具有以下特征的图形结构：

（1）贝叶斯网络是一个带有条件概率的有向无环图 DAG（directed acyclic graph）。

（2）节点标示随机变量，节点之间的弧反映了随机变量间的条件依赖关系，指向节点 $X$ 的所有节点称为 $X$ 的父节点。

（3）与每个节点相联系的条件概率表 CPT（conditional probability table）列出了此节点相对于其父节点所有可能的条件概率。

**（二）KNN（$K$ 最近邻）算法**

$K$ 最近邻算法是基于实例的机器学习算法之一，它通过使用距离函数来判定训练集中与未知测试样本最靠近的 $K$ 个训练样本。这 $K$ 个训练样本是测试样本的 $K$ 个"最近邻"。然后测试样本的类标号就是这 $K$ 个"最近邻"中多数样本所在的类。在该算法的实现过程中，改造了简单的投票方法，将这 $K$ 个距离进行加权，计算各个"最近邻"样本到测试样本的权重，得到测试样本属于各类的一个概率分布，依据概率分布决定测试样本的类标号。

**（三）CART（分类与回归树）算法**

CART 算法是由 Breiman 等在 1984 年提出的一种决策树分类方法。CART 二叉树由根节点、中间节点和叶节点组成，每个根节点和中间节点是具有 2 个子节点的父节点。其使用的属性选择度量方式是 Gini 指标。

$$\text{Gini}(P) = \sum_{i=1}^{n} P_i(1 - P_i) = 1 - \sum_{i=1}^{n} P_i^2 \tag{1-1}$$

式中　$P_i$——样本中属于属性类的概率。

Gini 指标用来度量数据划分或者数据集的不纯度。

Gini 指标考虑每个属性上的二元划分。对于离散型属性，选择该属性产生最小 Gini 指标的子集作为它的分裂子集。对于数值型属性，取每对排序后的相邻值之间的中间点为可能的分裂点。选取给定数值型属性产生最小 Gini 指标的点作为该属性的分裂点。

CART 采用后剪枝过程，使用降低错误率剪枝。把原数据集分成训练集和剪枝集。在训练集上，生成一棵完全生长的树。然后在剪枝集上计算分类错误率，对树进行剪枝。

## 二、聚类大数据算法

聚类类似于分类，但与分类的目的不同，是针对数据的相似性和差异性将一组数据分为几个类别。属于同一类别的数据间的相似性很大，但不同类别之间数据的相似性很小，跨类的数据关联性很低。常见的聚类算法包括 COBWEB 算法 $K$-Means 算法。

**（一）COBWEB 算法**

1. 算法思想

COBWEB 算法是一个通用且简单的增量式的概念聚类算法。COBWEB 算法用分类树的形式来表现层次聚类。为了利用分类树来对一个对象进行分类，需要利用一个匹配函数来寻找"最佳的路径"，COBWEB 算法用了一种启发式的评估衡量标准，用分类效用 CU（category utility）来指导树的建立过程。该算法能够自动调整类的数目的大小，而不像其他算法那样自己设定类的个数，但 COBWEB 算法中的 2 种操作对于记录的顺序很敏感，为了降低这种敏感性，该算法引入 2 个附加操作：合并和分解。可以根据 CU 值来确定合并和分解操作,从而达到双向搜索的目的。

2.算法优缺点

COBWEB 算法的优点是:原理比较简单,实现也是很容易的,收敛速度块。聚类效果较优,算法可解释度比较强。COBWEB 算法的缺点是:①它假设每个属性上的概率分布是彼此独立的,由于属性间经常是相关的,这个假设并不总是成立的。这给该算法带来一定的局限性。②聚类的概率分布表示更新和存储聚类相当繁复,因为时间和空间复杂度不只依赖于属性的数目,还取决于每个属性的值的数目,所以当属性有大量的取值时情况变得很复杂。③分类树对于偏斜的输入数据不是高度平衡的,它可能导致时间和空间复杂性的剧烈变化。

**(二) K-means 算法**

**1.算法思想**

K-Means 算法,也被称为 K-平均或 K-均值,是一种得到最广泛使用的聚类算法。主要思想是:首先将各个聚类子集内的所有数据样本的均值作为该聚类的代表点,然后把每个数据点划分到最近的类别中,使得评价聚类性能的准则函数达到最优,从而使同一个类中的对象相似度较高,而不同类之间的对象的相似度较小。

K-Means 算法的空间需求是适度的,因为只需要存放数据点和质心。具体地说,所需要的存储量为 $O((m+K)n)$,其中 $m$ 为点数,$K$ 为中心点个数,$n$ 为属性数。

**2.算法优缺点**

优点:是解决聚类问题的一种经典算法,简单、快速;对处理大数据集,该算法是相对可伸缩的和高效率的;当结果簇是密集的,而簇与簇之间区别明显时,它的效果较好。

缺点:算法依赖于用户指定的值;最终的结果对初值敏感,对于不同的初始值,可能会导致不同结果;它对于"噪声"和孤立点数据是敏感的。

**(三) 二分 K-means 算法**

**1.算法思想**

这个算法的思想是:首先将所有点作为一个簇,然后将该簇一分为二;之后选择能最大程度降低聚类代价函数(也就是误差平方和)的簇划分为两个簇(或者选择最大的簇,选择方法多种);以此进行下去,直到簇的数目等于用户给定的数目 $K$ 为止。

以上隐含着一个原则是:因为聚类的误差平方和能够衡量聚类性能,该值越小表示数据点越接近于它们的质心,聚类效果就越好。所以,我们就需要对误差平方和最大的簇进行再一次的划分,因为误差平方和越大,表示该簇聚类越不好,越有可能是多个簇被当成一个簇了,所以我们首先需要对这个簇进行划分。

**2.算法优缺点**

优点:$K$ 均值简单并且可以用于各种数据类型,它相当有效,尽管常常多次运行。

缺点:$K$ 均值并不适合所有的数据类型。它不能处理非球形簇、不同尺寸和不同密度的簇。对包含离群点(噪声点)的数据进行聚类时,$K$ 均值也有问题。

### 三、关联规则大数据算法

#### (一) Apriori 算法

1. 算法思想

Apriori 算法是一种基本的挖掘关联规则的算法。主要通过两步来实现,首先搜索获得交易目录中频繁出现的项集,然后基于频繁项集进行规则的挖掘。

2. 算法优缺点

优点:可以挖掘指向特定项的规则(包括类的项)。

缺点:生成候选频繁项集,可能多次扫描数据集,从而影响算法的性能。

#### (二) 哈希树算法

1. 算法思想

哈希树 GSP 采用哈希树存储候选序列模式。哈希树的节点分为三类:根节点、内部节点和叶子节点。

根节点和内部节点中存放的是一个哈希表,每个哈希表项指向其他的节点。而叶子节点内存放的是一组候选序列模式。

1) 候选序列模式

从根节点开始,用哈希函数对序列的第一个项目做映射来决定从哪个分支向下,依次在第 $n$ 层对序列的第 $n$ 个项目做映射来决定从哪个分支向下,直到到达一个叶子节点。将序列储存在此叶子节点。

初始时所有节点都是叶子节点,当一个叶子节点所存放的序列数目达到一个阈值,它将转化为一个内部节点。

2) 候选序列模式支持度的计算

给定一个序列 $s$ 是序列数据库的一个记录:

(1) 对于根节点,用哈希函数对序列 $s$ 的每一个单项做映射,并从相应的表项向下迭代地进行操作(2)。

(2) 对于内部节点,如果 $s$ 是通过对单项 $x$ 做哈希映射来到此节点的,则对 $s$ 中每一个和 $x$ 在一个元素中的单项以及在 $x$ 所在元素之后第一个元素的第一个单项做哈希映射,然后从相应的表项向下迭代做操作(2)或(3)。

(3) 对一个叶子节点,检查每个候选序列模式 $c$ 是不是 $s$ 的子序列,如果是相应的候选序列模式支持度加 1。

这种计算候选序列的支持度的方法避免了大量无用的扫描,对于一条序列,仅检验那些最有可能成为它子序列的候选序列模式。扫描的时间复杂度由 $O(n \times m)$ 降为 $O(n \times t)$,其中 $n$ 为序列数量,$m$ 为候选序列模式的数量,$t$ 为哈希树叶子节点的最大容量。

2. 算法优缺点

优点:结构简单、查找迅速、修改过程中结构保持不变。

缺点:哈希树不支持排序,没有顺序特性。如果在此基础上不做任何改进的话,并试图通过遍历来实现排序,那么操作效率将远远低于其他类型的数据结构。

### (三)Partition 算法

**1.算法思想**

将原数据集划分成若干个子块,在每个子块中挖掘出频繁项集,然后再次扫描整个数据集,从而得到整个数据集上的频繁项集而进行关联规则生成的算法。

**2.算法优缺点**

优点:对于大的数据集可以进行规则的挖掘。

缺点:数据分布不均匀的情形效果不好。

## 四、回归大数据算法

回归分析反映了数据库中数据的属性值的特性,通过函数表达数据映射的关系来发现属性值之间的依赖关系。它可以应用到对数据序列的预测及相关关系的研究中去。在市场营销中,回归分析可以被应用到各个方面,如通过对本季度销售的回归分析,对下一季度的销售趋势进行预测并做出有针对性的营销改变。常见的回归算法包括:最小二乘法(ordinary least square)、逻辑回归(logistic regression)、逐步式回归(stepwise regression)、多元自适应回归样条(multivariate adaptive regression splines)以及本地散点平滑估计(locally estimated scatterplot smoothing)。以下重点介绍线性回归、多项式回归及线性判别分析算法。

### (一)线性回归

线性回归算法是寻找属性与预测目标之间的线性关系,采用最小二乘法来获取各属性与预测目标的线性系数。回归分析是一种专用于供线性数据分析的有偏估计回归方法,实质上是一种改良的最小二乘估计法,通过放弃最小二乘法的无偏性,以损失部分信息、降低精度为代价获得回归系数,更为符合实际、更可靠的回归方法,对病态数据的耐受性远远强于最小二乘法。

### (二)多项式回归

**1.算法思想**

研究一个因变量与一个或多个自变量间多项式的回归分析方法,称为多项式回归(polynomial regression)。如果自变量只有一个,称为一元多项式回归;如果自变量有多个,称为多元多项式回归。

在多项式回归分析中,如果因变量 $y$ 与自变量 $x$ 的关系为非线性的,但是又找不到适当的函数曲线来拟合,则可以采用一元多项式回归。多项式回归的最大优点就是可以通过增加的高次项对实测点进行逼近,直至满意为止。事实上,多项式回归可以处理相当一类非线性问题,它在回归分析中占有重要的地位,因为任一函数都可以分段用多项式来逼近。因此,在通常的实际问题中,不论因变量与其他自变量的关系如何,我们总可以用多项式回归来进行分析。

**2.算法描述**

多项式回归问题可以通过变量转换为多元线性回归问题来解决。

因此,用多元线性函数的回归方法就可解决多项式回归问题。需要指出的是,在多项式回归分析中,检验回归系数 $B_i$ 是否显著,实质上就是判断自变量 $x$ 的 $i$ 次方项 $x_i$ 对因

变量 $y$ 的影响是否显著。

但随着自变量个数的增加,多元多项式回归分析的计算量急剧增加。

**3. 偏离度**

根据最小二乘法,使偏差平方和 $S_T$ 最小建立了多元线性回归方程。偏差平方和的大小表示了实测点与回归平面的偏离程度,因而偏差平方和又称为离回归平方和。统计学已证明,在 $m$ 元线性回归分析中,离回归平方和的自由度为 $(n-m-1)$。于是,可求得离回归均方为 $\sum(y-\hat{y})^2/(n-m-1)$。离回归均方的平方根叫离回归标准误,记为 $S_{yx}$(或简记为 $Se$)。

离回归标准误 $S_{yx}$ 的大小表示了回归平面与实测点的偏离程度,即回归估计值 $\hat{y}$ 与实测值 $y$ 偏离的程度,于是我们把离回归标准误 $S_{yx}$ 用来表示回归方程的偏离度。离回归标准误 $S_{yx}$ 越大,表示回归方程偏离度越大;离回归标准误 $S_{yx}$ 越小,表示回归方程偏离度越小。

**4. 算法应用**

变量间复杂相关性的预测、拟合和检验。

**(三)线性判别分析(LDA)算法**

**1. 算法思想**

LDA 的全称是 linear discriminant analysis(线性判别分析),是一种 supervised learning。有些资料上也称为是 Fisher's linear discriminant,因为它被 Ronald Fisher 于 1936 年发明。discriminant 这个词作者个人的理解是,一个模型,不需要去通过概率的方法来训练、预测数据,比如说各种贝叶斯方法,就需要获取数据的先验、后验概率等。LDA 是在目前机器学习、数据挖掘领域经典且热门的一个算法,据悉,百度的商务搜索部里面就用了不少这方面的算法。

LDA 的原理是,将带上标签的数据(点),通过投影的方法,投影到维度更低的空间中,使得投影后的点会形成按类别区分一簇一簇的情况,相同类别的点,将会在投影后的空间中更接近。要弄明白 LDA,首先得弄明白线性分类器(linear classifier),因为 LDA 是一种线性分类器。

当满足条件:对于所有的 $j$,都有 $Y_k > Y_j$ 的时候,我们就说 $x$ 属于类别 $k$。对于每一个分类,都有一个公式去算一个分值,在所有的公式得到的分值中,找一个最大的,就是所属的分类了。

上式 $Y_k > Y_j$ 实际上就是一种投影,是将一个高维的点投影到一条高维的直线上,LDA 最终的目标是,给出一个标注了类别的数据集,投影到了一条直线之后,能够使得点尽量地按类别区分开。$k=2$ 即二分类问题。

如图 1-1 所示,三角形点为 0 类的原始点、正方形点为 1 类的原始点,经过原点的那条线就是投影的直线,从图 1-1 上可以清楚地看到,三角形的点和正方形的点被原点明显地分开了,这个数据只是随便画的,如果在高维的情况下,看起来会更好一点。

LDA 分类的一个目标是使得不同类别之间的距离越远越好,同一类别之中的距离越近越好,所以我们需要定义几个关键的值。

我们分类的目标是,使得类别内的点距离越近越好(集中),类别间的点越远越好。

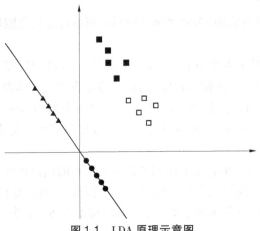

图 1-1　LDA 原理示意图

分母表示每一个类别内的方差之和,方差越大表示一个类别内的点越分散,分子为两个类别各自的中心点的距离的平方,我们最大化 $J(w)$ 就可以求出最优的 $w$ 了。想要求出最优的 $w$,可以使用拉格朗日乘子法,但是现在我们得到的 $J(w)$ 里面,$w$ 是不能被单独提出来的,我们就得想办法将 $w$ 单独提出来。

　　我们定义一个投影前的各类别分散程度的矩阵,这个矩阵看起来有一点麻烦,其实意思是:如果某一个分类的输入点集 $D_i$ 里面的点距离这个分类的中心点 $m_i$ 越近,则 $S_i$ 里面元素的值就越小;如果分类的点都紧紧地围绕着 $m_i$,则 $S_i$ 里面的元素值越来越接近 0。

　　这样就可以用最喜欢的拉格朗日乘子法了,但是还有一个问题,如果分子、分母都是可以取任意值的,那就会使得有无穷解,我们将分母长度限制为 1(这是用拉格朗日乘子法一个很重要的技巧,在下面将说到的 PCA 里面也会用到,如果忘记了,请复习一下高等数学),并作为拉格朗日乘子法的限制条件。

　　这同样是一个求特征值的问题,我们求出的第 $i$ 大的特征向量,就是对应的 $W_i$ 了。

　　这里想多谈谈特征值,特征值在纯数学、量子力学、固体力学、计算机等领域都有广泛的应用,特征值表示的是矩阵的性质,当我们取到矩阵的前 $N$ 个最大的特征值的时候,我们可以说提取到矩阵主要的成分(这个和之后的 PCA 相关,但不是完全一样的概念)。在机器学习领域,不少的地方都要用到特征值的计算,比如说图像识别、PageRank、LDA,还有之后将会提到的 PCA 等。

　　2. 算法应用举例

　　图 1-2 为图像识别中广泛用到的特征脸(eigen face),提取出特征脸有两个目的,首先是为了压缩数据,对于一张图片,只需要保存其最重要的部分,然后为了使程序更容易处理,在提取主要特征的时候,很多的噪声都被过滤掉了。跟下面将谈到的 PCA 的作用非常相关。

　　特征值的求法有很多,求一个 $D \times D$ 的矩阵的时间复杂度是 $O(D_3)$,也有一些求 Top $M$ 的方法,比如说 power method,它的时间复杂度是 $O(D_2 \times M)$。总体来说,求特征值是一个很费时间的操作,如果是单机环境下,是很局限的。

图 1-2 特征脸

## 五、人工智能算法

神经网络作为一种先进的人工智能技术,因其自身自行处理、分布存储和高度容错等特性,非常适合处理非线性的及那些以模糊、不完整、不严密的知识或数据为特征的问题,它的这一特点十分适合解决数据挖掘的问题。典型的神经网络模型主要分为三大类:第一类是用于分类预测和模式识别的前馈式神经网络模型,其主要代表为函数型网络、感知机;第二类是用于联想记忆和优化算法的反馈式神经网络模型,以 Hopfield 的离散模型和连续模型为代表;第三类是用于聚类的自组织映射方法,以 ART 模型为代表。虽然神经网络有多种模型及算法,但在特定领域的数据挖掘中使用何种模型及算法并没有统一的规则,而且人们很难理解网络的学习及决策过程。

Web 数据挖掘是一项综合性技术,是指 Web 从文档结构和使用集合 $C$ 中发现隐含的模式 $P$,如果将 $C$ 看作是输入,$P$ 看作是输出,那么 Web 挖掘过程就可以看作是从输入到输出的一个映射过程。当前越来越多的 Web 数据都是以数据流的形式出现的,因此,对 Web 数据流挖掘就具有很重要的意义。目前,常用的 Web 数据挖掘算法有:PageRank 算法、HITS 算法及 LOGSOM 算法。这三种算法提到的用户都是笼统的用户,并没有区分用户的个体。目前,Web 数据挖掘面临着一些问题,包括用户的分类问题、网站内容时效性问题、用户在页面停留时间问题、页面的链入与链出数问题等。在 Web 技术高速发展的今天,这些问题仍旧值得研究并加以解决。

深度学习算法是对人工神经网络的发展。在近期赢得了很多关注,特别是百度也开始深度学习后,更是在国内引起了很多关注。在计算能力变得日益廉价的今天,深度学习试图建立大得多也复杂得多的神经网络。很多深度学习的算法是半监督式学习算法,用来处理存在少量未标识数据的大数据集。常见的深度学习算法包括受限波尔兹曼机（restricted Boltzmann machine，RBN）、DBN（deep belief networks）、卷积网络（convolutional network）、堆栈式自动编码器（stacked auto-encoders）。

集成算法用一些相对较弱的学习模型独立地就同样的样本进行训练，然后把结果整合起来进行整体预测。集成算法的主要难点在于究竟集成哪些独立的、较弱的学习模型，以及如何把学习结果整合起来。这是一类非常强大的算法，同时也非常流行。常见的算法包括 Boosting、Bootstrapped Aggregation（Bagging）、AdaBoost、堆叠泛化（stacked generalization blending）、梯度推进机（gradient boosting machine，GBM）、随机森林（random forest）。

除此之外，在数据分析工程中降维也是很重要的，像聚类算法一样，降低维度算法试图分析数据的内在结构，不过降低维度算法是以非监督学习的方式试图利用较少的信息来归纳或者解释数据。这类算法可以用于高维数据的可视化或者用来简化数据以便监督式学习使用。常见的算法包括主成分分析（principle component analysis，PCA）、偏最小二乘回归（partial least square regression，PLS）、Sammon 映射、多维尺度（multi-dimensional scaling，MDS）、投影追踪（projection pursuit）等。

# 第三节　故障信息数据与挖掘应用简介

## 一、故障信息数据与挖掘存在的问题

目前，对继电保护故障信息的分析和挖掘应用不足，不仅对非故障元件的信息利用不足（安全裕度分析不够），而且对故障元件的信息挖掘也是远远不够的。现场在利用各种保护系统的故障信息的时候，更多强调的是通过收集数据快速地进行故障诊断，其分析结构提供给调度员进行决策。

其次，对于保护的动作行为，往往对不正确动作很关注，正确的则不太关注，更不会对多次正确动作的行为进行基于大量数据的分析和挖掘。但其实系统的每一次故障，对于一二次系统都是一次实战检验，如果对这些大量的故障动作信息进行深入挖掘，包括采用基于大数据的数据分析和挖掘技术，可以对整个二次系统的各种行为进行智能评估，并对新发生的故障行为进行诊断，并发现一些异常，具有非常高的应用价值。

## 二、主要分析内容和意义

### （一）主要内容

基于大数据对继电保护系统的动作行为智能分析的内容是根据故障录波器、保护装置、通信设备、网络分析仪、监控系统等收集和分析的数据进行综合性的智能分析。目前，这些信息的收集可以通过智能站二次在线检测系统、故障录波与网络分析仪、继电保护故障信息（主站和子站）系统进行。对于每一次故障而言，其采集和分析的基本数据包括保护的动作元件、开入开出信息（对于智能站更关注故障期间的 GOOSE 变位信息）、故障录波器的故障信息、断路器开入开出、线路保护光纤保护通道数据交换信息、监控系统收集到的保护上送报文等。根据上述信息,建立起某一次故障的动作记录(多维多类似的数据)。

对于大量的动作记录,则进行智能分析,如通过聚类分析算法,根据不同聚类方式形成不同的动作记录分类,如按照元件分类、按照故障类型分类等。对于这些动作记录,采用统计方法或者其他人工智能算法,分析出典型动作行为特征,比如:根据大量线路瞬时性单相接地故障记录库的智能分析,能够得到其正确动作情况下,典型瞬时性单相接地故障动作包括哪些信息(如哪些元件动作、会发出哪些信号等),其次这些元件的典型动作时间,如保护的动作期望值、开关的动作期望值、重合闸的动作期望值、闭锁信息的动作期望值、上送到监控系统报文的动作期望值等。根据典型动作行为,可以做出一个单相接地故障的动作行为图。在此基础上可以进一步分析双重化保护的动作行为图的差异,不同电压等级、不同厂家的保护、不同地区的保护的动作行为图的差异等。

在建立了典型的动作行为库的基础上,对于某次新的故障,可以根据相似度分析和最相似的行为库进行比较,如有异常,分析异常原因。基于保护的多次数据形成的数据记录集合,对这些数据集合进行智能分析,相当于能否通过人工智能学习,分析和总结出这些数据集合的典型特征,识别这些数据集合的特征(语言和人脸识别等也有类似之处),所以利用人工智能技术进行智能分析是可行的,但关键在于如何建模、如何训练数据。

对于智能变电站,基于采集到的智能站过程层 GOOSE、SV 信息,站控层 MMS 信息,各 IED、交换机的信息,诊断故障时产生的各种信息进行故障行为的分析。采用的方法包括关联性分析、相似度或者同质性检测、动作过程可视化、典型动作行为库建立等。

**(二)意义**

(1)实现上述的智能分析和可视化,可以充分利用故障后各种继电保护的故障动作信息对相关一二次元件故障的反应情况进行评估,包括这些元件自身动作情况、相互之间的信号交互情况等,并以可视化图的方式进行展示,从而使继电保护运维人员能够直观有效地进行分析,并更容易发现有问题的部分。

(2)通过智能分析建立的典型动作行为库,能够让我们对于保护故障反应的典型情况有更加深刻和具体的了解,对于提升和改善故障反应的能力有极大的实用价值,比如典型的动作时间偏高、报文上送时间过长、信号传输通道延时过长等可以进行改进。典型行为库的建立对于后续保护系统异常动作行为检测也提供了可能性。

(3)对于新发生的故障,通过和典型故障行为库比较,能够发现哪些地方有异常,例如一个瞬时性单相接地故障,虽然该保护正确动作,但发现该保护并未发出启动失灵信号(虽然并不影响其正确动作,但在开关失灵下则会影响到失灵保护)。又例如典型的接地故障,零序保护应当动作,如果某个保护正确动作,而零序保护未动作,则可能是零序回路故障,这对于发现隐形故障是非常有效的。

(4)通过其他的运维管理大数据分析可以获得不同厂家的典型动作行为的差异、不同地区的典型动作行为差异,根据关联性分析(相关性分析),这些差异的关联因素有哪些(如通过主成分法进行分析)。

(5)智能分析不仅可以用于发生事故后的分析,对于投运前的调试,智能分析也有非常大的实用价值。比如当模拟瞬时性单相接地故障的时候,根据调试收集的保护、录波和监控系统信息,也可以和通过故障智能分析得到典型动作行为进行对比分析,发现调试时和运行时的差异,甚至发现一些调试时没有检验调试到位的信息,比如某个连接缺失、某个跳闸时间异常等,这对于在投运前通过智能分析发现隐藏的缺陷也是有很大帮助的。

(6)调试的时候会进行大量的调试试验、各种故障模拟,完全可以通过上述的分析方式建立调试典型动作行为库,在发生故障后,和调试时的动作行为库进行比较,能够发现一些保护在运行中的问题,如运行中某个端子松动后造成某个信号缺失,这种情况通过这种方式可以得到发现。

# 第二章 继电保护故障信息的建模

## 第一节 概 述

继电保护的故障信息包括故障录波器、保护装置、监控系统、调度自动化系统相关的综合故障信息。这些数据源有不同的数据特点,下面详细介绍各类数据的特点和异同。

### 一、故障录波器的数据

故障录波器的数据是故障信息分析最重要的依据,其记录了全站的主要故障数据,精度比保护更高,同时还考虑了各种开入信息。这些信息可以直接利用,但一些中间信息可能需要处理后才可以应用。因为波形数据是不能直接用于图分析的,除非是进行多图协同分析,可以将波形图作为一个辅助,如果需要将波形所含有的信息整合到图中,利用图分析的技术进行分析的话,可以将波形进行一些数据分析和挖掘后再进行建模处理,例如分析一段或者多个波形的故障启动时间、最大故障电流及出线的时刻等。

通过故障录波提取的信息包括节点电压、序电压、支路电流、序电流及功率等信息,谐波信息也可以获得。对于母线和变压器可以计算差流值和制动电流值。

计算的方法可以采用标准的全周傅里叶算法,以故障后整个故障期间的全周傅里叶算法值的平均值作为故障波及网数据的计算值。考虑到故障初期非周期分量比较大,因此为保证计算的精度,可以考虑故障后一个周波,并进行滤波。对于多次故障的情形,以突变量启动元件为基准,计算整个期间发生的所有故障的有效值。所有电压均以本站高压母线 A 相电压为基准进行计算。

图 2-1 为典型的故障录波图。

故障录波器本身有线路参数、关联关系数据、启动和越线数据,这些数据可以进行利用。保护定值参数没有。

### 二、保护装置的数据

保护的信息包括保护动作的报文、记录的保护波形。相对于故障录波器,其保护动作的信息更加全面和丰富,是直接分析和掌握保护动作行为的第一手资料。目前,许多厂家提供了保护动作分析软件,能对保护内部的动作逻辑进行详细分析,通常在对单个保护进行详细分析的时候很有用。

目前,保护的信息在未动作时,只有是否启动,启动值大小,因此只能对保护启动行为进行分析。相关测量数据信息需要上传到保信子站和主站才能分析,以便能被更好地应用。

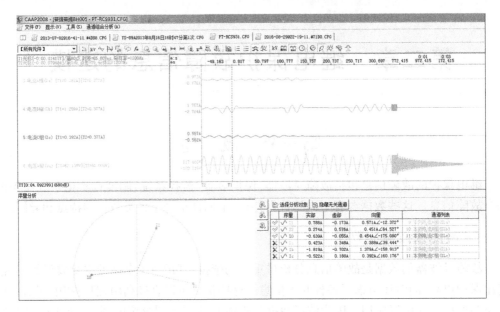

图 2-1　典型的故障录波图

### 三、监控系统的数据

监控系统有关一次设备的信息对于故障的综合分析和可视化是非常有用的。如果进行图分析,则是基于多类型的图分析;一二次设备协同的多图分析,则需要在建模时考虑相关的信息,比如当时的潮流状态、电网运行方式、开关状态等。

### 四、保信子站和主站的数据

从体系架构上讲,保信子站和主站的基础数据都是从保护和故障录波器采集的,但由于集中在一起,因此在保信主站侧进行高级分析和可视化是最为方便的,也是最容易实现的。另外,目前在保信主站已经有一些高级应用,如故障诊断、故障简报、基本的统计分析等功能。

### 五、整定计算数据

在基于整定计算网络图的基础上,通过重新优化布局以及不同分析建模进行图分析。基于整定计算优化图,节点为具体的保护元件,如距离保护、零序保护等,其节点值权重为灵敏系数,连接为保护配合状态,基于图分析进行灵敏度配合分析。

另外,可以将整定计算的结果同实际故障录波和保信及保护收集的信息进行对比分析,以评估理论和实际的差异。

# 第二节　继电保护故障信息的数据预处理

继电保护故障信息从信息的类型看,可以分为模拟量和开关量。对于智能变电站则包括 GOOSE、MMS 等报文的相关分析和处理。

## 一、模拟量信息的处理

主要获取和分析的模拟量数据内容如下。

### (一) 保护启动信息

通过启动元件的启动值大小和启动定值大小,可以得到启动灵敏度,对整个电网故障进行分析判断。

(1)故障期间 SV 信息。根据 SV 的启动和变化进行记录和提取,主要包括序电压和序电流、突变量电压和电流。

(2)启动元件信息。包括启动时刻,启动时刻采样点(相对值),换算成的绝对时间,启动值大小(包括突变量启动值、零序负序值、电压突变量值、零序电压突变量值等),突变量增加或者减小,以区别故障启动或者切除(电流和电压突变量可能相反)。启动时灵敏度通过启动定值比较得到,其中突变量等算法可以考虑采用经典启动元件算法,零序、负序等后备保护启动值通过全周复式算法。故障发生过程中,如果又有故障量变化导致启动元件发生变化(此时变化定值可以自行设置,以检测一些较小的变化,如相继动作变化、功率倒向变化等),也应进行记录。数据格式如表 2-1 所示,电流和电压可以分别考虑。

表 2-1　启动元件数据格式表

| 启动元件名称 | 启动元件采样点 | 启动时刻信息 | 启动值大小 | 相别 | 启动定值 | 启动灵敏度 | 突变量增加或减小 | 是否启动后变化 |
|---|---|---|---|---|---|---|---|---|
|  |  |  |  |  |  |  |  |  |

### (二) 故障测量元件信息

主要考虑两类元件:暂态测量元件和稳态测量元件。

(1)暂态测量元件。包括突变量电压、电流最大值,突变量序电压和序电流最大值,暂态能量积分元件(功率元件),突变量阻抗元件,非周期分量初值,衰减时间。暂态测量元件计算除了大小,还应考虑持续时间。另外,如果故障中间再发生相关变化,如区外转区内等导致测量元件变化的,也应进行相关记录。记录内容(见表 2-2)包括启动时间、大小。

表 2-2　暂态测量元件数据格式表

| 测量元件名称 | 测量元件采样点 | 动作时刻信息 | 动作值大小 | 相别 | 动作定值 | 动作灵敏度 | 动作值增加或减小 | 是否动作后变化 |
|---|---|---|---|---|---|---|---|---|
|  |  |  |  |  |  |  |  |  |

(2)稳态测量元件。包括节点各相电压和支路相电流稳态值、序分量稳态值、功率元件稳态值、持续时间、变化量不超过 5% 的持续时间。稳态值考虑平均值,也可以考虑最大值、最小值。稳态值变化超过 5% 则重新进行计算,并记录变化时刻和持续时间。另外,谐波稳态分量也可以考虑计算。持续时间内的相电流或者负序电流发热值,直接采用积分算法。稳态测量元件采用全波富式算法。数据格式如表 2-3 所示。

表 2-3　稳态测量元件数据格式表

| 测量元件名称 | 测量元件采样点 | 动作时刻信息 | 动作值大小 | 动作值相位 | 相别 | 持续时间 | 动作定值 | 动作灵敏度 | 动作值增加或减小 | 是否动作后变化 |
|---|---|---|---|---|---|---|---|---|---|---|
|  |  |  |  |  |  |  |  |  |  |  |

## 二、GOOSE 报文信息处理

故障期间 IED 设备发送和接受的 GOOSE 变位信息：发送接收方、持续时间、变位字段、关联设备、流量信息。

### (一) 故障元件 GOOSE 报文信息

典型动作行为库的建立基于一次故障相关信息的收集,收集的信息根据不同分析内容可能会有差异,需要进行不同的研究,下文以线路保护故障时收集信息为例进行说明。

以典型线路保护的相关信息为例,其数据信息表格式如表 2-4、表 2-5 所示。

(1)动作元件记录表如表 2-4 所示。

表 2-4　动作元件记录表

| 序号 | 动作元件 | 动作时间 | 返回时间 | 内容信息 | 故障量 | 故障相 |
|---|---|---|---|---|---|---|
| 1 | 启动 | ××× | ××× | 突变量启动 |  |  |
| 2 | 差动元件 |  |  | 比率差动动作 | 三相差动电流;三相制动电流 | A |
| 3 | 距离元件 |  |  |  |  |  |
| 4 | 故障测距信息 |  |  |  |  |  |
| ⋮ |  |  |  |  |  |  |

(2)开入开出记录表如表 2-5 所示。

表 2-5　开入开出记录表

| 序号 | 名称 | 动作时间 | 返回时间 | 内容信息 | 类型 | 备注 |
|---|---|---|---|---|---|---|
| 1 | 失灵启动 | ××× | ××× | 0→1 | 开出 |  |
| 2 | 闭锁重合闸 |  |  | 1→0 | 开入 | A |
| 3 | 线路跳闸 |  |  |  |  |  |
| 4 | 收到远跳 |  |  |  |  |  |
| ⋮ |  |  |  |  |  |  |

(3)其他信息。包括定值和压板状态,还有保护配置基本信息(如差动或纵联保护)、保护厂家、保护类型(传统还是智能站)等。

(4)对于不同定值和压板状态,其动作行为会有差异,所以在进行异常检测时这些因素必须考虑。

**（二）关联的其他保护的信息**

（1）与线路保护相关联的保护主要包括失灵保护、另一套保护动作行为，数据格式如表2-6所示。

表2-6　关联信息数据格式

| 序号 | 关联对象 | 名称 | 动作时间 | 返回时间 | 内容信息 | 类型 | 备注 |
|------|---------|------|---------|---------|---------|------|------|
| 1 | 失灵保护 | 收到失灵信号 | ××× | ××× | 0→1 | 开出 | |
| 2 | 其他保护 | 收到闭锁重合闸信息 | | | 1→0 | 开入 | A |
| 3 | 安控 | 联跳 | | | | | |

（2）开入开出记录表如表2-7所示。

表2-7　开入开出记录表

| 序号 | 名称 | 动作时间 | 返回时间 | 内容信息 | 类型 | 备注 |
|------|------|---------|---------|---------|------|------|
| 1 | 保护跳闸 | ××× | ××× | 0→1 | 开出 | |
| 2 | 保护重合闸 | | | 1→0 | 开入 | A |
| 3 | 断路器位置 | | | | | |
| ⋮ | | | | | | |

（3）故障期间 IED 设备发送和接受的 MMS 信息：发送接收方、持续时间、关联设备、动作信息（需要进一步进行事故关联建模）。

为便于利用图信号处理方式，形成节点、关联表，需要设计表格和相关字段，以便采用智能算法进行分析。

## 三、双重化的动作信息分析建模

主要研究内容：不同的故障情况下，两套保护动作信号的对比，包括信息的显示格式，发出和接受内容是否相同。信号之间传输时间上的差异性，上送 MMS 报文的差异性，保护动作 IED 本身的差异（目前在做故障动作可视化，可深层次揭示各保护内部元件的动作差异和特征）。

以线路保护为例，由于故障类型不同，同一保护对于不同故障类型动作行为存在差异，因此首先需要对故障情况进行分析，可以考虑的类型包括短路类型（如接地、相间等）、断线，瞬时性还是永久性，金属性还是高阻接地，线路位于联络线还是终端线路，故障首端还是末端等。这些属于经验分类，其他自动分类是否能更好地利用动作行为规则库建立的方法。采用何种相似度的算法更适合于这种双重化保护对故障的动作行为分析，比如采用余弦算法，则需要针对动作的典型信息形成一个标准，然后做运算，需要进一步研究。

一般可采用表2-8所示的矩阵方式进行相似度的计算。

表 2-8　矩阵方式

| 比较对象 | 差动动作 | 距离Ⅰ段动作 | 零序Ⅰ段动作 | 启动失灵 | 发闭锁信号 | 发远跳 | … | … | | |
|---|---|---|---|---|---|---|---|---|---|---|
| 线路保护 1 | 1 | 1 | 0 | 1 | 1 | 0 | | | | |
| 线路保护 2 | 1 | 1 | 1 | 0 | 1 | 0 | | | | |
| 线路保护 3 | | | | | | | | | | |

其他的一些数据挖掘或者人工智能方法也可以考虑采用。

## 四、其他信息建模处理

其他需要进行解析提取的数据包括以下内容。

### (一) 拓扑信息

物理网络连接和虚端子信息,可分别通过设计图纸和 SCD 文件获取,再通过 IP 连接进行自动识别。

对于设计图纸,比较难以应用的是非结构化数据,尤其是保护 IED 和外部及相互之间的物理连接关系。从图的角度来说,IED 是一个节点,光口是 IED 内部的一些节点,光纤、交换机、光配等是其他的一些节点,通过一些节点属性可以进行可视化。

注:一些设计院能够给出 Excel 的光缆连接表,可以进行可视化连接展示,如果能够显示光口,则更加方便。

目前,可以在设计图纸上建立基于图分析的模型。节点表(某个 IED 设备为基本节点)如表 2-9 所示。

表 2-9　节点表

| 编号 | 节点名称 | 所属屏位 | 节点类型 | 电压等级 | | | |
|---|---|---|---|---|---|---|---|
| | | | 保护、智能终端、合并单元、交换机、故障录波等 | | | | |

支路表如表 2-10 所示。

表 2-10　支路表

| 编号 | 支路名称 | 所属类别 | 支路类型 | | | |
|---|---|---|---|---|---|---|
| | | 光纤、网络、电缆 | 交流、跳闸、信号 | | | |

全站通信可视化展示:按照 IP 分段、交换机模式,详细地考虑交换机层次、光纤配线架及光口的光路物理连接过程。

### (二) 全站通信可视化展示

通信网络连接的全局可视化可以考虑的模型如下所述:

(1)传统的模式:以 IED 装置为节点,虚端子连接为边进行通信数据流相关信息展示。

（2）以 IP 地址或者 MAC 地址、appid 等唯一识别标志的字段为节点，以各 IP 或者 MAC 地址相互是否有通信作为边（注：进一步考虑通信内容区别，如报文类别、报文流量、心跳报文、报文包含的内容分类等，或者链接情况、链接质量）。

（3）以 IED 或者其包含的光口板卡为节点，交换机为节点，各光口物理光纤线为边的网络结构。节点类型除了包含测控位，还可以增加交换机，或者中心交换机，或者光口板卡等（具体根据分析需要），而边可以从物理逻辑考虑采用尾纤还是光缆，光纤还是电缆，另外还可以包含接口类型（如 lc、st 等）、光纤长度等基础数据。运行中信息包括光口发送功率（节点连接的数目显示光口连接数目，温度可以考虑光口最高温度，或者连接线的功率情况）、温度信息、光纤数据流量、通信连接稳定性、链路丢包率等相关参数，以利于关联性分析或者奇异性检测。如显示丢包率过高与装置类别、光纤类型、是否故障等关系。另外动态显示，可以通过 Inerval 函数显示一个时间段有关数据流变化、缺陷变化等。

# 第三节　故障信息图的建模技术

继电保护故障信息图的建模主要考虑图的节点及节点信号、支路及支路权重，根据不同的分析目标，图的节点信息可以考虑不同的节点信号。

## 一、图建模基本技术

### （一）节点及节点信号

故障时可以进行分析的节点对象包括：故障计算相关的变电站母线节点、各类保护及相应的保护元件（如距离元件、零序元件）、一次元件[主变压器（简称主变）、母线及断路器等在进行一二次动作行为分析时需要考虑]、通信设备节点（在涉及通道问题分析时考虑）。其他辅助控制系统作为节点，比如电厂的一些控制设备、安控系统等，如果涉及这些设备则需要将他们作为分析节点。本书涉及的建模节点主要为母线、保护及相关元件、一次断路器。

节点相应的信号主要包括需要评估分析的相关内容，包括两大类基本故障信息和保护动作信息。基本故障信息包括节点电压和序电压，保护元件感受到的电流、序电流及阻抗等，保护元件的动作灵敏度。动作元件则包括保护和断路器动作时间信号。

除基本的节点信息外，为比较不同运行方式、不同网络图的直接差异，所有节点信息可以考虑相关信号的差异，如同一节点不同方式的信号变化，或者跳闸前后的信号变化、双重化保护的信号值差异等。

### （二）支路及支路权重

节点的连接关系可以考虑的关联关系很多，故障时考虑的主要是相关保护、相关支路之间的配合关系、网络拓扑结构的变化影响，因此考虑的主要支路包括以下内容：

（1）网络一次连接关系。对于故障波及网络而言，其故障特点及变化与一次网络拓扑结构和参数紧密相连，因此基本的线路连接关系、短路阻抗参数、电源阻抗参数等必须要考虑。这类连接主要考虑的支路权重为支路长度、阻抗。

（2）保护之间的连接。根据需要分析评估的内容主要考虑两类关系：一类是各保护整定配合元件相关的连接,如电流保护、距离保护、零序保护的配合连接关系,这类连接关系的权重主要考虑定值或者配合系数、保护之间灵敏度关系;另一类是保护动作行为构成的相关连接,如保护动作逻辑连接关系、跳闸矩阵、保护和断路器跳闸及合闸构成的关系,由线路保护之间的通道关系建立起来的连接,以及一些其他联闭锁信息构成的连接关系,这类权重可以考虑动作值大小或者动作时间等。

(3)其他分析结果形成的连接。如某些保护功能都能反映相间故障,则这些保护通过相间故障连接起来,一些反映接地故障,则通过接地故障连接起来;另外经过一些函数运算或者分析形成的连接,如相关性构成的连接等。

**(三)图建模需要注意的问题**

不同的图分析和处理的目标不同,选取的节点、支路、权重及图信号也有很大的区别。如果利用图信号的谱方法进行相关研究,由于图谱和网络结构是紧密联系的,因此选择支路和权重的时候,支路和权重在故障过程中或者不同网络比较时不应该发生变化,这样才能在相同的图谱域进行图信号的比较。因此,通常模式是以阻抗参数或者其他支路参数或者连接重要性的权重比例作为支路权重值。

另一种模式是可对节点和支路的信息编码,即首先将故障特征进行编码,通过设计编码代价函数,设计目标函数,通过最优化来进行评估,其次也可以考虑信息熵的分析方式。

## 二、故障波及网络图的建模

考虑到实际应用,通过故障录波器的数据进行相关信息的充分挖掘。从系统检测角度看,故障录波器采集的电气量和开关量信息增强了故障波及网的信息量,对于在保护跳闸后通过全网更充分的信息进行辅助分析提供更多、更全面的技术支撑。

对于线路上的严重故障,波及站点更多,虽然故障点保护快速切除,但此时这些站点的故障录波器能够记录更多的节点和支路信息,进行辅助验证。对于轻微故障,保护采集到的故障特征不够明显,但所有故障波及站点的故障特征的叠加,能够更充分地对故障进行分析。

可以通过故障录波器的计算资源和能力,在本地实现边缘计算,通过故障录波数据计算所在站点的差流、制动电流、节点电压、序电压,支路的电流和序电流,在保信子站和主站侧实现故障波及网的分析。

考虑到故障量的计算和信息传输时间,对于需要通过故障波及网的数据分析来对故障性质进行辅助判断的相关信息可以快速计算后提供给调度进行分析。主要分析的信息包括故障支路、故障相、故障类型等。对故障波及站点母线的分相差动电流和制动电流、工频变化量差流和制动电流、零序差流和制动电流分别进行计算。对于线路故障而言,则所有波及站点的计算差流的总和均远小于制动电流,同时故障相制动电流远大于非故障相的制动电流,故障越严重,波及站点越多、越明显。即使对于轻微接地故障,故障相的工频变化量制动电流之和也大于非故障相的制动电流之和,因为它用到了全网的所有故障信息。实际应用可以考虑通过故障支路给予更大权重提高检测分析灵敏性。对于一些线路,由于轻微故障可能出现选相错误,或者无法选相,此时利用全网更充分的信息,能够进行正确判断。

如果某支路出现相关异常,尤其方向的问题,利用故障波及树的谱方法能较好地检测到高频分量的存在。另外,如果零线互感影响导致的零序电压方向的变化也能检测到,从而为分析评估实际电网互感和其他相关的异常提供更好的检测。进行方向检测,由于各个变电站点时钟未完全同步,可能出现偏差,可以考虑本站以自身母线电压为参考,计算各支路的功率,以流出为正,流入为负,通过计算正负零序功率,查找异常支路。

可以通过波联线对左右两侧的故障录波器故障信息进行同步,如果两侧没有波联线,则该故障支路完全可以等值为两个互不影响的电源。

利用故障波及网络对故障的暂态特性的分析评估,一种模式是对于启动后各元件的支路,通过电流或者暂态能量积分元件,分别对半个周波的各电气量进行积分,如果各元件暂态元件的暂态特性比较一致,尤其是线路两侧,其积分应差别不大,如果一侧有饱和,或者两侧暂态特性不同,包括衰减特性不同,其积分差异比较大。为了更好地利用谱方法,可以考虑规格化、归一化的数据处理方式,这样能更好地利用平滑性检测,因为基准相同。另一种模式是考虑对暂态特性利用特征提取,包括小波暂态特征提取,分别分析整个故障波及网的暂态特性的分布和差异。

### (一) 故障波及树、波联线基本概念

为分析电网故障时与故障点相连的哪些保护可能被波及和波及程度,建立与该故障点相关联的故障波及网络。为了评估与故障点不同远近的保护影响,建立故障波及树,以更好地分析故障点对周边保护的影响行为。

故障波及树的建立以故障点为起点,直接相邻的节点为第一级,与第一级相连的其他节点为第二级,以此类推。实际的故障仅需要考虑保护能够启动,所以波及的影响节点以该节点的保护能够启动作为波及点,如果该节点达不到启动值,则不计入故障波及树。以如图 2-2 所示的网络为例。该网络具有 11 个节点、12 个支路,相关的保护 19 个。其中,支路 10 和 11 为等值的系统电源。

对应 K1 点的故障波及网、故障波及树如图 2-3、图 2-4 所示。为便于更好地分析故障点的影响以及保护跳开后网络信息变化情况,故障波及网增加一个故障点,保护到故障点增加两个支路。

该网络有两棵故障波及树,如果与故障点相邻的为 T 节点支路,则有三棵故障波及树,每棵故障波及树的起点均为故障点,第一级为与故障点直接连接的节点。

如图 2-4 所示每棵波及树的最大影响深度为该树的深度,通过该网络一次的故障波及树,该点故障时波及层有 4 层:第一层波及的节点(变电站)为 1 和 2 两个节点;第二层波及 5 个节点,其中 9 节点为系统等值电源节点,8 为终端站节点(该节点不会启动);第三层有 3 个节点即 6、7、10,其中 6 节点为终端节点,该节点不会启动;最后一层节点为 11 节点,为电源点。

两棵树通过 3、4 以及 4、5 之间的联络线进行联系,这两条波及的联络线(简称波联线)在一侧保护跳开时,相关的保护感受到的故障量将发生变化,可能导致保护误动。不同网络波联线影响程度不同,波联线在第一层的时候,影响最大(双回线);波联线连接的回路阻抗越小,影响越大;如果波联线属于不同电压等级,跨区的波联线有可能导致不同电压等级故障时的误动。

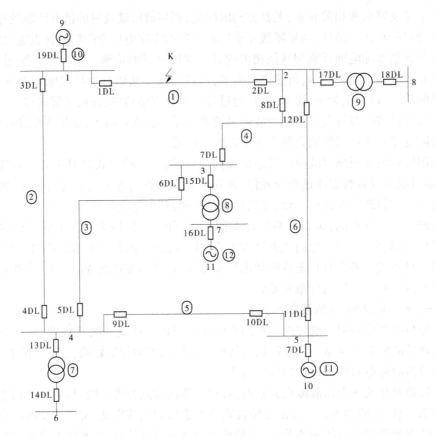

图 2-2　故障网络图

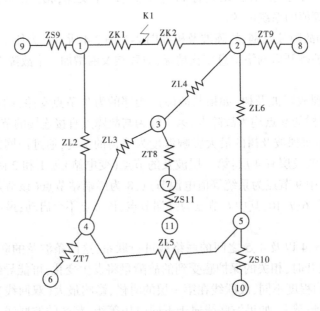

图 2-3　K1 点故障波及网

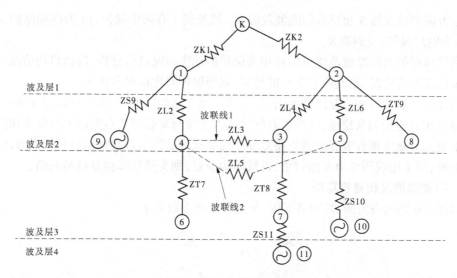

**图2-4　K1点故障波及树**

通过该故障波及树需要分析该节点的故障信息在不同运行方式、断路器跳开后变化情况、是否有异常等,可以通过整定计算网络及实际故障录波数据对比分析,以及双套保护感受到的故障量对比,以分析是否有异常数据。

为体现各保护距离故障点的远近关系,建立如图2-5所示的各保护故障的波及树。

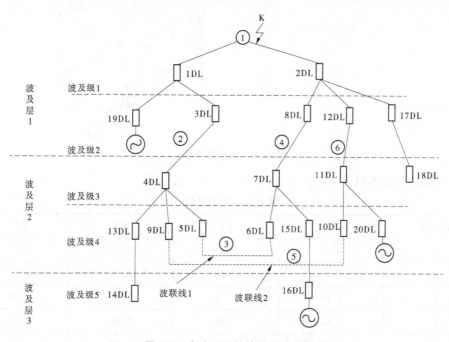

**图2-5　支路1保护故障的波及树**

该波及树同前述故障波及树类似,也有两棵,体现了故障对保护的关系。其中,第一级为保护1、2,直接相关的保护,保护19、3、8、12、17为第二级,这些保护都为保护动作反方向的保护,由于都属于一个变电站,因此都属于第一层波及层。类似的波及层2包括感受到正方向的波及级 3 和反方向的波及级 4。波及层 3 有两个保护,14 为终端保护,不动作;16 为电厂保护,受到波及。

利用该保护的故障波及树可以对相关保护的动作情况进行分析,包括启动情况、测量元件灵敏度配合情况、差流及安全裕度情况、双套保护对比情况分析等。

具体的图建模根据需要研究的内容,其节点和支路选取不同,如果想通过支路或者节点信息及相互连接关系建模,应当选取故障或者异常与支路及节点关联关系更密切的,这样才能更充分地体现各节点或者支路差异。比如通过故障节点启动信息利用谱方法确定故障点时,应采用线图作为支路权重,以线路为节点,则支路故障信息最易判断。

**(二) 故障波及树建模算法**

以图 2-6 的网络为例,其网络架构、节点和支路参数如下。

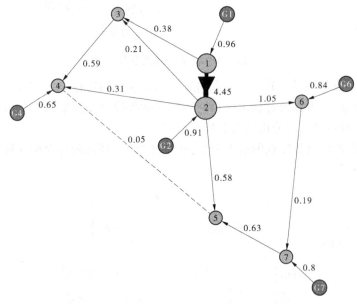

图 2-6　网格拓扑图

节点参数如表 2-11 所示。

表 2-11　节点参数

| 节点号 | K1 | K2 | K3 | K4 |
|---|---|---|---|---|
| 1 | 5.80 | 5.40 | 1.52 | 1.53 |
| 2 | 7.45 | 3.40 | 6.30 | 6.55 |
| 3 | 1.10 | 5.28 | 5.40 | 0.95 |
| 4 | 1.80 | 2.55 | 2.50 | 6.60 |
| 5 | 1.20 | 1.65 | 1.20 | 1.30 |
| 6 | 2.00 | 1.50 | 1.70 | 1.68 |
| 7 | 1.60 | 1.29 | 1.53 | 1.45 |

续表 2-11

| 节点号 | K1 | K2 | K3 | K4 |
|---|---|---|---|---|
| G1 | 0.96 | 0.77 | 0.77 | 0.77 |
| G2 | 0.91 | 0.71 | 0.79 | 0.79 |
| G4 | 0.85 | 0.75 | 0.82 | 0.85 |
| G6 | 0.84 | 0.66 | 0.74 | 0.74 |
| G7 | 0.80 | 0.64 | 0.71 | 0.72 |

支路参数如表 2-12 所示。

表 2-12　支路参数

| 支路号 | 节点 1 | 节点 2 | K1 | K2 | K3 | K4 |
|---|---|---|---|---|---|---|
| 1 | 1 | 2 | 4.45 | 1.07 | 0.41 | 0.49 |
| 2 | 1 | 3 | 0.38 | 3.60 | 0.36 | 0.27 |
| 3 | 2 | 3 | 0.21 | 0.44 | 3.88 | 0.20 |
| 4 | 2 | 4 | 0.31 | 0.23 | 0.14 | 3.94 |
| 5 | 2 | 5 | 0.58 | 0.27 | 0.34 | 0.29 |
| 6 | 2 | 6 | 1.05 | 0.76 | 0.87 | 0.85 |
| 7 | 3 | 4 | 0.59 | 1.28 | 1.23 | 0.47 |
| 8 | 4 | 5 | 0.05 | 0.30 | 0.28 | 0.35 |
| 9 | 7 | 5 | 0.63 | 0.57 | 0.62 | 0.65 |
| 10 | 6 | 7 | 0.19 | 0.09 | 0.11 | 0.09 |
| G1 | G1 | 1 | 0.96 | 0.77 | 0.77 | 0.77 |
| G2 | G2 | 2 | 0.91 | 0.71 | 0.79 | 0.79 |
| G4 | G4 | 4 | 0.85 | 0.75 | 0.82 | 0.85 |
| G6 | G6 | 6 | 0.84 | 0.66 | 0.74 | 0.74 |
| G7 | G7 | 7 | 0.80 | 0.64 | 0.71 | 0.72 |

算法基本步骤：

（1）对于 K1 点故障，从节点表找到节点最大的两个值 1、2，作为起点。

（2）根据支路参数表的连接，分别从 1、2 找与 1、2 相连接的节点，作为第二层显示。如果该节点同时和 1、2 相连接，与 1、2 连接支路多的优先。如果和 1、2 连接数目相同，以连接电流值大的作为该点连接支路,连接电流小的作为波及联络线。

（3）按照上述规则找到所有支路。

分层统计波及树的层数,每层的电源支路数目、节点数目。

后续还需要统计功率的情况,以评估能量影响程度,还有保护跳闸后的影响等。

（1）K1 点。

K1 点网络图如图 2-7 所示。

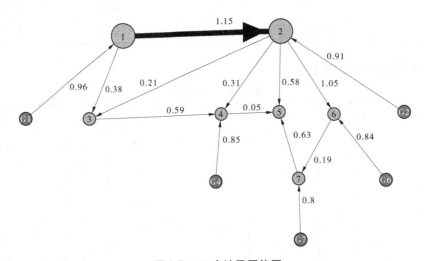

图2-7　K1 点波及网络图

对于 K1 点短路,树 2 有环,2—5—7—6,所以故障波及树可能不会是一棵完整的树。

采用 Matlab 的图论工具箱生成的波及网络图（见图 2-7）,其方式没有采用树图的形式,而是在基本网络布局图的基础上,通过对不同层次的节点标注颜色,对波及联络线进行标注。这也是一种方式,层次感没有前述的方式明显,但和网络图结合,能够便于和全网结合分析,在需要结合潮流图进行联合分析时也可以采用潮流模式分析,包括不同点分析,变化情况时也可以采用此种方式。为了区别哪些属于不同根节点展开的,不同的根节点可以采用不同形状或者颜色。

注:图 2-8 中显示的波及联络线有问题,应为 X2—X3,X3—X4,图中显示为 X4—X5;通过波及联络线反映的是两个故障点直接的联系通道,涉及该支路跳开后变化最大的联络支路。

注:由图 2-8 可见,即使将波及联络线断开后,根节点为 2 的树有一个内部环 2—5—7—6,所以它是一棵不完全树。

（2）K2 点。

K2 点波及网络图如图 2-9 所示。

图 2-10 的波及联络线仍然有问题。另外,故障波及网络生成的原则,除联络线电流或者功率最小外,是否也可以考虑解开后层级最小,或者按照保护设置的配合解列点考虑,这样可以对解列点的设置进行检验。

另外,图 2-10 中因为 0.3<0.27+0.09,所以也可以考虑从 X4—X5 就解开。

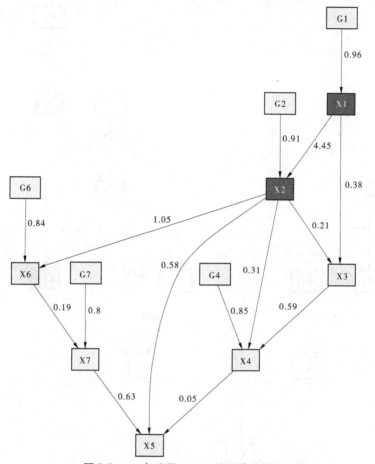

图 2-8　K1 点采用 Matlab 绘制的波及网络图

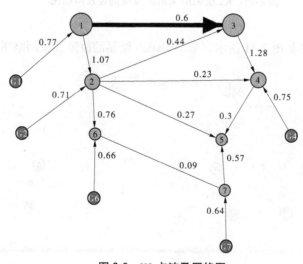

图 2-9　K2 点波及网络图

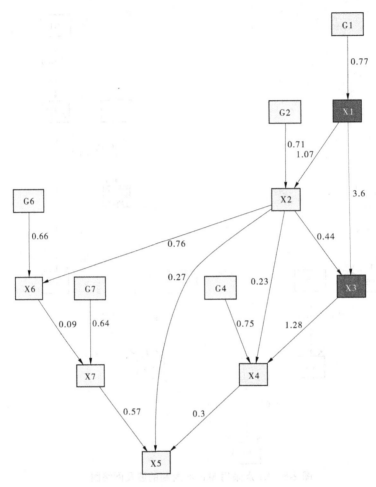

图 2-10　K2 点采用 Matlab 绘制的波及网络图

（3）K3 点。

K3 点波及网络图如图 2-11 所示。采用 Matlab 绘制的故障波及网络图如图 2-12 所示。

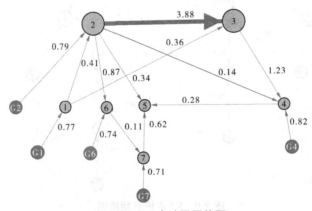

图 2-11　K3 点波及网络图

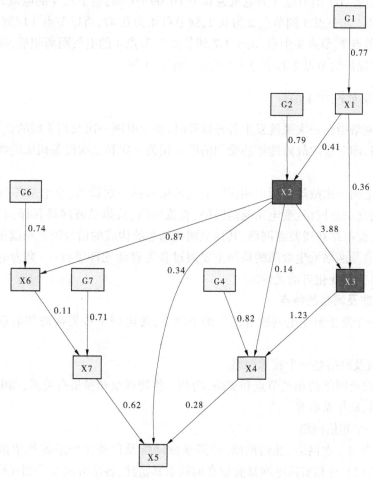

图 2-12　K3 点采用 Matlab 绘制的波及网络图

（4）K4 点。

K4 点波及网络图如图 2-13 所示。

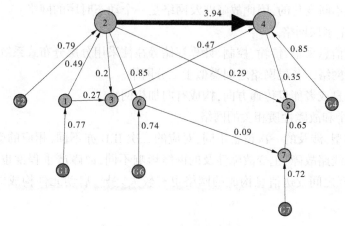

图 2-13　K4 点波及网络图

从广义节点看,G7 给节点 2 的电流为 0.29+0.09＝0.38,给节点 4 的电流为 0.35,所以可以划到节点 2。节点 3 到节点 2 为 0.2,到节点 4 为 0.47,所以节点 3 应划到节点 4。

故障点在节点 2、节点 4 中点,由于 G7 到节点 2、节点 4 的电气距离相近,因此随着故障点的不同,其提供给节点 2 和节点 4 的电流分配也不同。

## 三、故障波及网络总结

故障波及网络指在一次系统发生各种故障时,整个电网一次及相关联的整个二次、通信、控制等网络,即对这次故障能够感受到的所有相关一次和二次设备构成的物理和逻辑关系等网络。

典型的在电网一次故障过程中相应影响的网络包括一次设备、变电站各 IED 构成的网络、调度自动化信息网络、变电站通信网络、直流网络、故障录波网络和保信子站网络、视频监控网络、变电站在线监测网络、其他电网辅助系统构成的信号采集和监视网络。

对于故障波及网络发生故障的检测主要通过各类启动元件进行:一类为电气量检测元件;一类为开关量变化启动元件。

### (一)故障波及网络的特点

(1)它是一个基于整个电网所有网络的子网络,是电网中各类物理和信息网络的一部分。

(2)故障波及网络是一个技术网络。

涉及故障波及网络的相关节点和支路,均和一些物理量和参量有关系,如电流、电压、功率、网络流量、动作系数等。

(3)它是一个相依网络。

这个网络中的二次网络、通信网络、故障录波网络及自动化网络等都依附于实际电网,这些网络结构本身和实际电网具有很高的联系紧密性,各部分网络是相互作用和影响的,尤其保护 IED 构成的保护网络和安控系统构成的网络,无论保护 IED 误动或者拒动,都对整个网络构成影响;而通信网络、直流系统网络又影响到保护 IED 网络的正常工作。

(4)它是一个动态变化的网络。

由于故障是不断变化的,因此故障波及网络是一个动态时序的网络。

(5)它是一个多层网络。

由于电网的信息采集、传输、控制、计算存储等往往采用分层分布式系统,因此该网络本身是一个多层网络。各层网络之间类似于二分网络。

每层根据信息或者能量传递方向,构成有向加权网络。

(6)它是一个和故障性质相关的网络。

不同故障类型,涉及的一次设备不同,对应的二次 IED 亦不同,相应的受到波及的网络也不同。比如线路故障、主变故障涉及的网络影响不同,故障严重程度也不同;严重故障,保护 IED 相互之间发送信息构成的网络也有较大差异,启动元件构成的网络情况差异也会较大。

（7）它是一个动作行为一致的同步网络。

故障发生时，正常情况下，相关网络针对某个故障的反应应当是同步的，各网络反映的现象应和故障一致，比如一次相关设备的故障、动作和变化，在二次网络、故障录波网络、自动化监控系统、视频监控系统、在线监测辅助系统等应一致。

通过对故障波及网络相关层网络的同步性和一致性分析，能够检测到相关异常情况。

（8）故障波及网络是一个异构的复杂网络。

对于故障波及网络，其节点类型多样，除了一次设备，还有保护 IED、通信设备、控制设备及虚拟设备等节点，其连接关系除了基本的物理连接，还有虚端子连接、逻辑关系连接等，所以这个网络是一个异构的复杂网络。

节点的属性类型也多样，同种节点根据不同连接关系构成的网络也不同，如变电站实际过程层网络和站控层网络，变电站各 IED 通过信息输入输出构成的虚端子网络等。

（9）故障波及网络是由多种结构组合构成的网络。

由于实际的变电站网络、通信网络往往和一次主接线关系密切，一次主接线本身由多个相似的间隔构成，如线路间隔、主变间隔、母线间隔等，因此无论是一次网络还是二次网络，本身均可以根据物理关系分解为多个典型组件，采用网络自身组件分解方法也能得到类似的组件。不同组件由于厂家、原理等不同也有差异，对于基本组件的特性可以进行分析。

（10）故障波及网络是一个物理网络和信息网络混合和相互作用的网络。

故障波及的一次网络、二次网络中电缆、光纤等构成的网络属于物理网络，但相关控制信息、监控系统的信息流构成的网络则属于信息网络，信息流依附于物理网络，相互作用。

**（二）故障波及网络的应用**

1. 故障波及网络故障点定位

由于故障波及网络各层网络对于故障的同步性和一致性，因此对于故障点的定位，不仅仅基于一次网络，还基于各层的信息，应分别进行分析挖掘以及协调处理，增加故障点定位的准确性。

2. 故障波及网络的异常检测

如果各层网络对于故障点相关判断出现不一致或同步，则存在故障波及网络相关信息的异常，可以进行相关的异常原因和异常点分析。

3. 故障波及网络的安全裕度分析

对于故障点附近相关启动 IED 构成的网络，虽然受到故障影响，但只启动，不出口，相应测量元件可能动作，可以进行相应的配合且十分满足（动作时间等），灵敏度是否满足（Ⅱ段或者Ⅲ段），安全可靠性（比如差动制动动作区，方向元件或者其他闭锁元件可靠性等）。

4. 双重化的故障波及网络的动作一致性分析研究

双重化采集网络、保护网络、通信网络、直流网络等在同一故障情形下的差异性分析，差异程度的刻画、一致点分析和检测方法。

5. 故障波及网络的动态变化检测

针对一次网络和二次网络不同的变化情况进行诊断分析,如故障消失是一次网络本身还是二次网络发出控制命令或者其他,跳开后一次网络或者二次网络相关节点和支路如何变化,对应整个网络的变化特征。

这个过程比较重要的是暂态过程的变化检测,比如差动保护的暂态特性变化(区外故障的安全可靠性),另外其他相关受暂态过程影响的变化。

6. 故障波及网络相关部分的同步性、相关性、一致性的研究分析

主要分析研究发生故障时,各网络部分动作行为的一致性和关联性,另外动作延时差异。

7. 各层网络故障情况下相互作用的影响和跨网络故障扩散传播风险研究

在故障情况下,二次系统、通信系统、直流系统、自动化控制系统、安控系统等相互之间的影响,尤其除一次网络外,其他网络故障可能产生的跨网络故障风险传播。

8. 复杂网络的态势感知可视化研究

不同层网络故障信息对于故障的态势感知可视化方法研究,同时不同层网络之间信息流交互可视化研究,故障的动态可视化行为研究。

9. 基于复杂多层网络的隐性故障分析和判断研究

由于各层网络对于故障的反应具有一定的一致性、同步性和相关性,因此可以基于此进行各层网络相关节点和支路信号的信息流异常故障分析和判断。这些隐形故障往往只在故障时才会显现出来。

10. 基于数字孪生的建模和仿真

基于故障波及网络,可以根据需要研究分析的内容进行故障波及网络各层的数字孪生建模和仿真,通过建模和仿真,可以更真实地对各种故障的动作行为、信息流进行更准确的分析,也为利用智能算法提供更好的平台。

### (三)故障波及网涉及的相关技术

1. 故障定位

故障定位主要采用的技术包括图谱分析、图谱小波、动态贝叶斯网络的故障诊断、决策树算法、神经网络。

2. 异常检测

异常检测包括数据挖掘算法、图谱分析算法、知识图谱算法。

3. 安全裕度分析

安全裕度分析包括图分析技术、保护动作区域映射建模、波形分析技术。

4. 双重化一致性分析

双重化一致性分析包括图形相似度分析技术、图神经网络分析技术、图可视化挖掘技术。

5. 动态变化分析

动态变化分析包括图谱分析技术(平滑度分析)、图谱小波、动态贝叶斯网络分析、时序动态网络分析技术。

6. 同步性和相关性分析

同步性和相关性分析包括数据挖掘技术(关联分析算法)、复杂网络同步理论、群图挖掘技术、二分网络分析技术、多层相依网络关联分析。

7. 态势感知可视化

态势感知可视化包括态势感知建模、网络可视化技术、动态可视化技术、可视化交互及分析。

8. 故障波及网络仿真

故障波及网络仿真包括数字孪生技术、故障波及网络录波分析技术。

# 第三章　继电保护故障信息的诊断分析技术

## 第一节　概　述

目前,对发生故障时的各种录波数据、保护动作信息等的数据分析和挖掘应用不足,不仅对于非故障元件的信息利用不足(安全裕度分析不够,异常元件信息分析和查找不足,隐性故障排查方法不多),而且对于故障元件的信息挖掘也是远远不够的。现场在利用各种保护系统的故障信息时,更多强调的是通过收集数据快速地对故障进行诊断,其分析结果提供给调度员进行决策。

另外,保护的动作行为反应故障不正确动作时很受关注,保护动作正确时则不太关注,更不会对多次正确动作的行为进行基于大量数据的分析和挖掘。但系统的每一次故障,对于一、二次系统都是一次实战检验,如果对这些大量的故障动作信息进行深入挖掘,可以对整个二次系统的各种行为进行智能评估,对新发生的故障行为进行诊断,并发现一些异常且具有非常高应用价值的信息。

在实际工作中,一些故障发生后,由于主保护动作很快切除故障,大多数时候装置后备保护不会动作,相邻的远后备会启动,但也不到出口动作时间,这些后备保护测量元件一般均会动作,包括一些方向元件;同时差动保护也会经历区外故障检验,因此故障不仅是检验主保护,后备保护也同样经过了检验。但对发生故障时除故障元件直接相邻的保护需要认真分析外,还有一些情况也需要注意:相邻区域的哪些保护受到波及影响?哪些保护受波及启动,这些启动元件之间灵敏性如何?是否有越级启动或者没有启动的情形?这些受波及的保护测量元件的灵敏性如何?是否配合?是否有异常情况?相邻元件的差动保护的差流有多大?差动的安全裕度如何?

在保护动作过程中,近故障侧往往会先跳开,远故障侧后跳开,其间周边受波及的保护由于电网拓扑结构的变化,一些保护测量值会发生变化,尤其在一些联络线上,可能会造成相关保护误动,哪些保护在这种情况下受影响,受影响的程度多大,如何进行评估也是需要研究的课题。一些电网在跨不同电压等级时,更容易发生误动的情况。另外,对于有互感或者强磁弱电的情形,如何通过故障网络数据进行分析评估?

对于 220 kV 以上的电网,保护配置均采用双重化保护,两套保护尽管都能正确切除故障,但保护反应故障的灵敏度、动作时间快慢、一些信号是否发出等都有差异,对这些差异进行分析、评估,找出最大的差异点,在实际工作中都有很大的应用价值。

随着智能变电站的大量应用,保护具备的信息越来越丰富,智能故障录波、全景录波的概念也被提及,网络分析仪、GOOSE 跳闸的应用,为更好地利用故障时相关数据提供了支撑。同时,保护信息管理系统的不断完善和发展,对于应用故障时,相关保护启动信息的挖掘分析应用提供了很好的应用平台,在保护层面,目前可视化信息标准制定中,保护动作可视化,可以更好地展示内部逻辑,也可以输出有关信息,从而更好地分析动作行为。

　　为了对发生故障时,整个受到波及的所有保护(以保护是否能够启动为判断依据)的故障信息进行分析、评估和挖掘,通过建立相应的故障波及网络图、故障波及树,对故障波及网络的保护启动元件、基本测量元件、差动元件、保护配合关系等进行分析,包括这些元件的分布情况,哪些元件存在异常,哪些存在失去配合的情况。通过波及联络线的分析,对于在一侧保护跳开后的元件动作变化情况进行分析,确定哪些元件受到影响、影响度的大小。分析差动保护的分布情况。通过波及网络的图谱特征向量法,分析整个网络信号的平滑性、各特征向量对应的 GFT 系数,以对异常节点进行分析,并通过特征量全网方差 SF 进行异常度评估。基于各节点的 GFT 系数对各节点变化重要影响度进行排序。通过双重化的两套保护的节点信号差异建立动作时序差异网,利用图谱特征分析法进行两套保护的相异情况分析、动作差异度评估。通过建立故障波及网络的整定配合关系网,进行整定关系配合异常检测,并用谱方法进行分析。

　　对于涉及空间或者时间的异常点,可以进一步通过图窗口傅里叶变化进行查找。较大的网络需要进行更精确的控制,可以采用图谱小波进行分析查找。

# 第二节　基本诊断分析技术

## 一、动作时序图分析

对于继电保护故障录波,常采用的方法是动作时序图。

典型的保护动作时序图如图 3-1 所示。

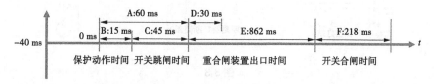

**图 3-1　保护动作时序图**

　　图 3-1 中动作时序图揭示了保护动作时间、开关跳闸时间、重合闸装置出口时间、开关合闸时间等。

　　对于双重化的保护和开关可以采用多个时间序列,如图 3-2 所示。

　　进一步可以采用相关二次设备联系的动作时序图,如图 3-3 所示。

## 二、智能变电站的基本诊断方法及流程

对于智能变电站,由于网络分析仪能够对各 IED 收发信息进行分析,因此能够有更

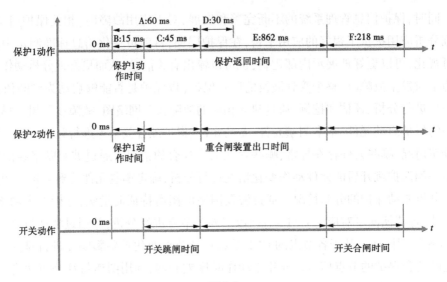

图 3-2

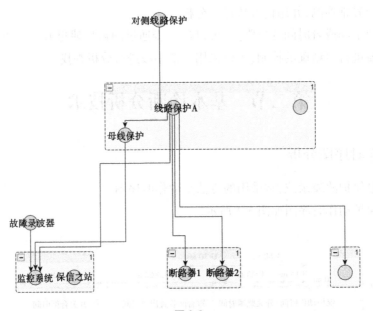

图 3-3

多的诊断分析手段,下面简单介绍基本诊断方法及流程。

**(一)导入 SCD 文件**

导入 SCD 文件,分析出虚链路、虚端子、IED 装置、控制块等,如图 3-4 所示。

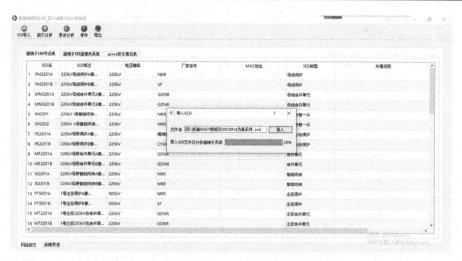

**图 3-4 导入 SCD 文件**

**(二) 导入网络报文**

选择 PCAP 文件, 对网络报文进行分析, 如图 3-5 所示。

**图 3-5 导入网络报文文件**

**(三) 虚端子 IED 节点表**

根据 SCD 文件, 分析出过程层的 IED 节点表, 如图 3-6 所示。

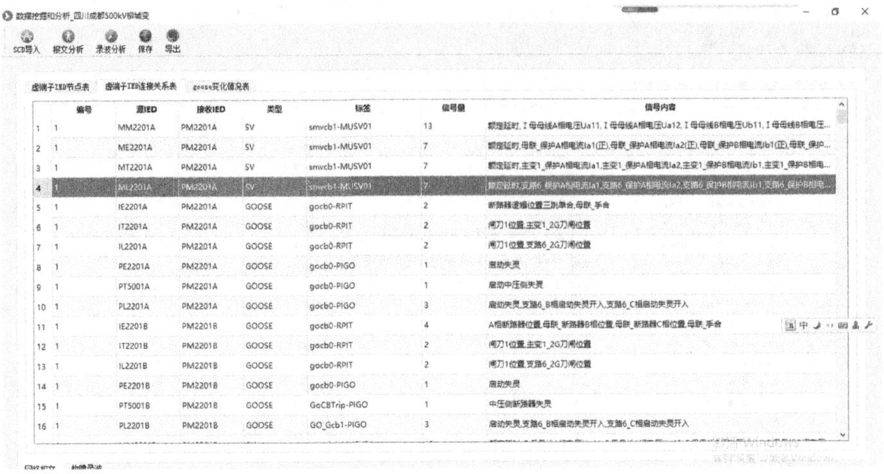

图 3-6　分析过程层 IED 节点

## (四) 虚端子连接关系表

根据 SCD 文件,分析出过程层的虚端子 IED 连接关系,如图 3-7 所示。

图 3-7　分析过程层的虚端子连接

## (五) GOOSE 变化情况表

根据网络报文分析出 GOOSE 变化情况,如图 3-8 所示。

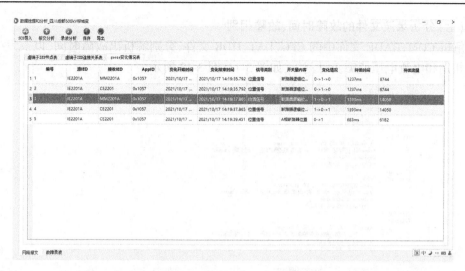

图 3-8　分析 GOOSE 变化情况

### (六)开关量变位列表

解析 COMTRADE 文件中的 DAT、CFG 文件的开关量通道配置及开关值,比对开关值的变位情况及变位时刻,显示故障录波文件的开关量变位的动作时序,如图 3-9 所示。

图 3-9　故障录波文件开关变位

解析指定的 PCAP 文件格式,分析出 GOOSE 各通道的通道值,以各通道第一帧的通道值作为初始化值,遍历全部帧,每帧与上一帧的值比对,有变位时,记录当前变位值和变位时刻,如图 3-10 所示。

| | 第1次变位 | 第2次变位 | 第3次变位 | 第4次变位 | 第5次变位 | 第6次变位 | 第7次变位 | 第8次变位 | 第9次变位 |
|---|---|---|---|---|---|---|---|---|---|
| 1:通道1 | ↑2022-03-18 14:16:14.483999 | ↓2022-03-18 14: | ↑2022-03-18 … | ↓2022-03-18 … | ↑2022-03-18 … | ↓2022-03-18 … | ↑2022-03-18 … | ↓2022-03-18 … | ↑2022-03-18 … |
| 2:通道2 | ↑2022-03-18 14:16:05.482999 | ↓2022-03-18 14: | ↑2022-03-18 … | ↓2022-03-18 … | ↑2022-03-18 … | ↓2022-03-18 … | ↑2022-03-18 … | ↓2022-03-18 … | ↑2022-03-18 … |
| 3:通道3 | ↑2022-03-18 14:16:05.482999 | ↓2022-03-18 14: | ↑2022-03-18 … | ↓2022-03-18 … | ↑2022-03-18 … | ↓2022-03-18 … | ↑2022-03-18 … | ↓2022-03-18 … | ↑2022-03-18 … |
| 4:通道4 | ↑2022-03-18 14:16:05.482999 | ↓2022-03-18 14: | ↑2022-03-18 … | ↓2022-03-18 … | ↑2022-03-18 … | ↓2022-03-18 … | ↑2022-03-18 … | ↓2022-03-18 … | ↑2022-03-18 … |
| 5:通道5 | ↑2022-03-18 14:16:05.482999 | ↓2022-03-18 14: | ↑2022-03-18 … | ↓2022-03-18 … | ↑2022-03-18 … | ↓2022-03-18 … | ↑2022-03-18 … | ↓2022-03-18 … | ↑2022-03-18 … |
| 6:通道6 | ↑2022-03-18 14:16:05.482999 | ↓2022-03-18 14: | ↑2022-03-18 … | ↓2022-03-18 … | ↑2022-03-18 … | ↓2022-03-18 … | ↑2022-03-18 … | ↓2022-03-18 … | ↑2022-03-18 … |
| 7:通道7 | ↑2022-03-18 14:16:14.483999 | ↓2022-03-18 14: | ↑2022-03-18 … | ↓2022-03-18 … | ↑2022-03-18 … | ↓2022-03-18 … | ↑2022-03-18 … | ↓2022-03-18 … | ↑2022-03-18 … |
| 8:通道8 | ↑2022-03-18 14:16:05.482999 | ↓2022-03-18 14: | ↑2022-03-18 … | ↓2022-03-18 … | ↑2022-03-18 … | ↓2022-03-18 … | ↑2022-03-18 … | ↓2022-03-18 … | ↑2022-03-18 … |
| 9:通道9 | ↑2022-03-18 14:16:05.482999 | ↓2022-03-18 14: | ↑2022-03-18 … | ↓2022-03-18 … | ↑2022-03-18 … | ↓2022-03-18 … | ↑2022-03-18 … | ↓2022-03-18 … | ↑2022-03-18 … |

图 3-10　GOOSE 报文通道变位

### (七)分析录波文件的故障时间、故障相别

解析 COMTRADE 文件中的 CFG、DAT、HDR 文件,分别解析出故障时间,以及发生故障的相别和电流电压值突变时刻等,如图 3-11、图 3-12 所示。


```
</DeviceInfo>
<TrigInfo>
        <time>2021-02-23 15:10:50:410</time>
        <name>2#主变高压侧A相保护电流_电流采样值1  突变</name>
        <value>8.12A</value>
        <setting>0.50A</setting>
</TrigInfo>
<TrigInfo>
        <time>2021-02-23 15:10:50:410</time>
        <name>2#主变高压侧A相保护电流_电流采样值1  越上限</name>
        <value>8.95A</value>
        <setting>5.50A</setting>
</TrigInfo>
<TrigInfo>
        <time>2021-02-23 15:10:50:410</time>
        <name>2#主变高压侧A相保护电流_电流采样值2  突变</name>
        <value>8.12A</value>
        <setting>0.50A</setting>
</TrigInfo>
<TrigInfo>
        <time>2021-02-23 15:10:50:410</time>
        <name>2#主变高压侧A相保护电流_电流采样值2  越上限</name>
        <value>8.95A</value>
        <setting>5.50A</setting>
</TrigInfo>
<TrigInfo>
        <time>2021-02-23 15:10:50:410</time>
        <name>2#主变高压侧C相保护电流_电流采样值1  突变</name>
        <value>2.45A</value>
        <setting>0.50A</setting>
</TrigInfo>
<TrigInfo>
        <time>2021-02-23 15:10:50:410</time>
        <name>2#主变高压侧C相保护电流_电流采样值2  突变</name>
        <value>2.45A</value>
        <setting>0.50A</setting>
</TrigInfo>
<TrigInfo>
```


图 3-11


```
<FaultInfo>
  <name>区内故障</name>
  <value>是</value>
</FaultInfo>
<TripInfo>
  <time>76.2ms</time>
  <name>3#主变保护高压开关出口1 </name>
  <value>1</value>
  <phase>ABC</phase>
</TripInfo>
<TripInfo>
  <time>76.2ms</time>
  <name>3#主变保护中压开关出口1 </name>
  <value>1</value>
  <phase>ABC</phase>
</TripInfo>
<TripInfo>
  <time>76.2ms</time>
  <name>3#主变保护低压开关出口1 </name>
  <value>1</value>
  <phase>ABC</phase>
</TripInfo>
<TripInfo>
  <time>76.2ms</time>
```


图 3-12

### (八)分析 SV 报文双 AD 采样

解析 PCAP 文件,分析出 SV 数据,解析 SV 控制块及通道,依据 SCD 配置文件中的 APPID 配置,显示出各通道电压、电流有效值,并判断双 AD 采样是否异常,额定延时是否异常,并比较双套报文电压、电流值是否一致,如图 3-13、图 3-14 所示。

| | 通道名称 | 通道类型 | 一次值 | 二次值 | 相角(∠°) | 报文值 |
|---|---|---|---|---|---|---|
| 1 | 额定延时 | 时间 | 450000.000 | 450000.000 | 0.000 | 450000.000 |
| 2 | 保护电流A相 | 交流电流 | 1000.000 | 5.000 | 12.000 | 1000000.000 |
| 3 | 保护电流A相 | 交流电流 | 1000.000 | 5.000 | -120.000 | 1000000.000 |
| 4 | 保护电流B相 | 交流电流 | 1000.000 | 5.000 | -0.000 | 1000000.062 |
| 5 | 保护电流B相 | 交流电流 | 1000.000 | 5.000 | -0.000 | 1000000.062 |
| 6 | 保护电流C相 | 交流电流 | 1000.000 | 5.000 | 120.000 | 999999.812 |
| 7 | 保护电流C相 | 交流电流 | 1000.000 | 5.000 | -120.000 | 1000000.000 |
| 8 | 计量电流A相 | 交流电流 | 1000.000 | 5.000 | -0.000 | 1000000.062 |
| 9 | 计量电流B相 | 交流电流 | 1000.000 | 5.000 | 120.000 | 999999.812 |
| 10 | 计量电流C相 | 交流电流 | 1000.000 | 5.000 | -120.000 | 1000000.000 |
| 11 | 零序电流I0 | 交流电流 | 22000.002 | 110.000 | -0.000 | 22000000.000 |

图 3-13　电流双 AD

| | 通道名称 | 通道类型 | 一次值 | 二次值 | 相角(∠°) | 报文值 |
|---|---|---|---|---|---|---|
| 13 | 间隙电流Ij | 交流电流 | 22000.002 | 110.000 | -0.000 | 22000000.000 |
| 14 | 间隙电流Ij | 交流电流 | 22000.002 | 110.000 | -0.000 | 22000000.000 |
| 15 | 保护电压A相 | 交流电压 | 220000.000 | 100.000 | -0.000 | 22000000.000 |
| 16 | 保护电压A相 | 交流电压 | 220000.000 | 100.000 | -0.000 | 22000000.000 |
| 17 | 保护电压B相 | 交流电压 | 220000.000 | 100.000 | -120.000 | 22000000.000 |
| 18 | 保护电压B相 | 交流电压 | 220000.000 | 100.000 | -120.000 | 22000000.000 |
| 19 | 保护电压C相 | 交流电压 | 219999.969 | 100.000 | 120.000 | 21999998.000 |
| 20 | 保护电压C相 | 交流电压 | 219999.969 | 100.000 | 120.000 | 21999998.000 |
| 21 | 线路抽取电压 | 交流电压 | 220000.000 | 100.000 | -0.000 | 22000000.000 |
| 22 | 线路抽取电压 | 交流电压 | 220000.000 | 100.000 | -0.000 | 22000000.000 |
| 23 | 零序电压 | 交流电压 | 220000.000 | 100.000 | -0.000 | 22000000.000 |
| 24 | 零序电压 | 交流电压 | 220000.000 | 100.000 | -0.000 | 22000000.000 |

图 3-14　电压双 AD

### (九)GOOSE 报文异常信号

解析 PCAP 文件,依据异常报文分析技术分析出 GOOSE 报文通信中断、发送超时、丢帧、帧序异常等 GOOSE 报文异常信号,统计周期内 GOOSE 报文错误数目等,如图 3-15~图 3-17 所示。

| 实时信息 | | | | | | |
|---|---|---|---|---|---|---|
| | 发生时间 | AppID | 报文类型 | 事件类型 | 事件描述 | 关联帧数 |
| 1 | t=2022-03-18 14:19:59.788000 | 0x0046 | GOOSE | 通讯状态 | 通讯中断 | 0 |
| 2 | t=2022-03-18 14:19:59.787000 | 0x0046 | GOOSE | 通讯状态 | 节点减少 | 0 |
| 3 | t=2022-03-18 14:19:59.787000 | 0x1057 | GOOSE | 通讯状态 | 通讯中断 | 0 |
| 4 | t=2022-03-18 14:19:59.787000 | 0x1057 | GOOSE | 通讯状态 | 节点减少 | 0 |
| 5 | t=2022-03-18 14:19:55.343000 | 0x800fb | OTHER | 通讯状态 | 通讯恢复 | 0 |
| 6 | t=2022-03-18 14:19:55.343000 | 0x800fb | OTHER | 通讯状态 | 节点增加 | 0 |

图 3-15　GOOSE 报文通信中断

| 实时信息 | | | | | | |
|---|---|---|---|---|---|---|
| | 发生时间 | AppID | 报文类型 | 事件类型 | 事件描述 | 关联帧数 |
| 1 | t=2022-03-19 11:08:45.095416 | 0x4001 | SV(9-2) | 事件 | smvid不匹配[收到的svid:XJPA_MU0101,配置中的svid:PRS7... | 2 |
| 2 | t=2022-03-19 11:08:45.095416 | 0x4001 | SV(9-2) | 事件 | 条目数不匹配[收到的条目数:26,配置中的条目数:27] | 2 |
| 3 | t=2022-03-19 11:07:53.968119 | 0x1004 | GOOSE | 事件 | 变位[跳A相,FALSE->TRUE] | 2 |
| 4 | t=2022-03-19 11:07:53.810527 | 0x1004 | GOOSE | 事件 | 变位[跳A相,TRUE->FALSE] | 2 |
| 5 | t=2022-03-19 11:07:53.602564 | 0x1004 | GOOSE | 事件 | 变位[跳B相,TRUE->FALSE] | 2 |
| 6 | t=2022-03-19 11:07:53.333730 | 0x1004 | GOOSE | 事件 | 变位[跳C相,TRUE->FALSE] | 2 |
| 7 | t=2022-03-19 11:07:53.080837 | 0x1004 | GOOSE | 事件 | 变位[永跳,TRUE->FALSE] | 2 |

图 3-16　GOOSE 报文变位

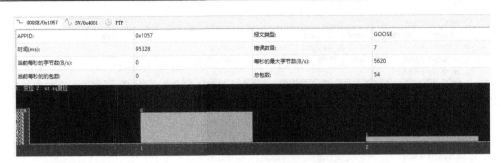

图 3-17　统计 GOOSE 帧错误数目

**(十) 虚回路缺陷**

解析 SCD 文件,可视化展示控制链路连接情况及控制块相对应的虚端子,并根据解析出的虚端子与标准虚端子进行比对,检查出与标准虚端子不一致的情况,如图 3-18、图 3-19 所示。

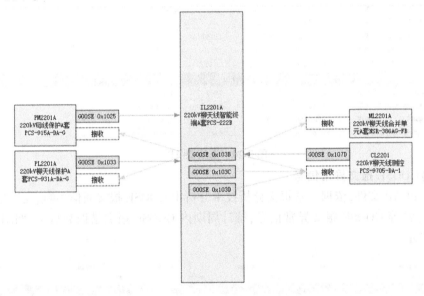

图 3-18　控制块链路

**(十一) 分析故障前后电压电流值**

解析 COMTRADE 的 CFG、DAT 文件,以故障发生时间为基准,分别计算故障前-20 ms、故障后 20 ms、故障后 40 ms、故障后 60 ms 及突变相量值、突变时刻等,如图 3-20、图 3-21 所示。

**(十二) 报文分析**

解析 GOOSE、SV 报文结构,并以树形结构展示原始报文与帧协议的对应关系,如图 3-22、图 3-23 所示。

虚端子详图

| IL2201A<br>220kV柳天线智能终端A套PCS-222B | PL2201A<br>220kV柳天线保护A套PCS-931A-DA-G |
|---|---|
| GOOSE：0x103B | GOOSE接收 |
| 5-B相断路器位置 | 1-断路器分相跳闸位置TWJa |
| 7-A相断路器位置 | 2-断路器分相跳闸位置TWJb |
| 9-C相断路器位置 | 3-断路器分相跳闸位置TWJc |
| 31-闭锁重合闸 | 4-闭锁重合闸-1 |
| 32-开关压力低禁止重合闸 | 6-低气压闭锁重合闸 |

**图 3-19　虚端子连接**

录波突变量启动数据表　　录波零序量启动数据表　　录波负序量启动数据表

| | 通道名称 | 信号类型 | 相别 | 变比 | 故障前-20ms | 故障后20ms | 故障后40ms | 故障后60ms | 突变1时间 | 突变1相量 | 突变2时间 | 突变2相量 | 突变3时间 |
|---|---|---|---|---|---|---|---|---|---|---|---|---|---|
| 1 | 1:220kVI母A相电压_电压采样值1 | 电压 | A | 2200 | 52.769 | 52.456 | 56.090 | 56.727 | 2021-02-2... | 52.493 | 2021-02-2... | 52.474 | 2021-02-2... |
| 2 | 2:220kVI母A相电压_电压采样值2 | 电压 | A | 2200 | 52.769 | 52.457 | 56.093 | 56.727 | 2021-02-2... | 52.497 | 2021-02-2... | 52.476 | 2021-02-2... |
| 3 | 3:220kVI母B相电压_电压采样值1 | 电压 | B | 2200 | 59.990 | 59.529 | 59.456 | 59.643 | 2021-02-2... | 59.888 | 2021-02-2... | 59.620 | 2021-02-2... |
| 4 | 4:220kVI母B相电压_电压采样值2 | 电压 | B | 2200 | 59.973 | 59.510 | 59.436 | 59.620 | 2021-02-2... | 59.873 | 2021-02-2... | 59.599 | 2021-02-2... |
| 5 | 5:220kVI母C相电压_电压采样值1 | 电压 | C | 2200 | 58.787 | 58.385 | 58.803 | 58.932 | 2021-02-2... | 58.729 | 2021-02-2... | 58.435 | 2021-02-2... |
| 6 | 6:220kVI母C相电压_电压采样值2 | 电压 | C | 2200 | 58.783 | 58.381 | 58.799 | 58.926 | 2021-02-2... | 58.729 | 2021-02-2... | 58.431 | 2021-02-2... |
| 7 | 7:220kVII母A相电压_电压采样值1 | 电压 | A | 2200 | 52.985 | 52.678 | 56.341 | 56.967 | 2021-02-2... | 52.712 | 2021-02-2... | 52.693 | 2021-02-2... |
| 8 | 8:220kVII母A相电压_电压采样值2 | 电压 | A | 2200 | 52.963 | 52.675 | 56.338 | 56.965 | 2021-02-2... | 52.708 | 2021-02-2... | 52.691 | 2021-02-2... |
| 9 | 9:220kVII母B相电压_电压采样值1 | 电压 | B | 2200 | 60.067 | 59.575 | 59.508 | 59.692 | 2021-02-2... | 59.848 | 2021-02-2... | 59.636 | 2021-02-2... |
| 10 | 10:220kVII母B相电压_电压采样值2 | 电压 | B | 2200 | 60.060 | 59.570 | 59.504 | 59.689 | 2021-02-2... | 59.846 | 2021-02-2... | 59.633 | 2021-02-2... |
| 11 | 11:220kVII母C相电压_电压采样值1 | 电压 | C | 2200 | 59.389 | 58.975 | 59.393 | 59.529 | 2021-02-2... | 59.391 | 2021-02-2... | 59.015 | 2021-02-2... |
| 12 | 12:220kVII母C相电压_电压采样值2 | 电压 | C | 2200 | 59.379 | 58.966 | 59.384 | 59.521 | 2021-02-2... | 59.382 | 2021-02-2... | 59.005 | 2021-02-2... |
| 13 | 13:2#主变高压侧A相保护电流_电流采样值1 | 电流 | A | 250 | 9.951 | 8.644 | 1.179 | 0.940 | 2021-02-2... | 10.022 | 2021-02-2... | 9.229 | 2021-02-2... |
| 14 | 14:2#主变高压侧A相保护电流_电流采样值2 | 电流 | A | 250 | 9.950 | 8.643 | 1.178 | 0.941 | 2021-02-2... | 10.020 | 2021-02-2... | 9.226 | 2021-02-2... |
| 15 | 15:2#主变高压侧B相保护电流_电流采样值1 | 电流 | B | 250 | 1.289 | 1.737 | 1.089 | 0.963 | 2021-02-2... | 1.296 | 2021-02-2... | 1.104 | |
| 16 | 16:2#主变高压侧B相保护电流_电流采样值2 | 电流 | B | 250 | 1.291 | 1.735 | 1.093 | 0.967 | 2021-02-2... | 1.297 | 2021-02-2... | 1.105 | |

**图 3-20　分析 A、B、C 电流电压**

录波突变量启动数据表　　录波零序量启动数据表　　录波负序量启动数据表

| | 通道名称 | 信号类型 | 相别 | 变比 | 故障前-20ms | 故障后20ms | 故障后40ms | 故障后60ms | 突变1时间 | 突变1相量 | 突变2时间 | 突变2相量 | 突变3时间 | 突变 |
|---|---|---|---|---|---|---|---|---|---|---|---|---|---|---|
| 1 | 103:2#主变高压侧零序电流_电流1 | 电流 | N | 80 | 18.150 | 13.161 | 0.223 | 0.019 | 2021-02-2... | 18.248 | 2021-02-2... | 16.417 | 2021-02-2... | 13.19 |
| 2 | 104:2#主变高压侧零序电流_电流2 | 电流 | N | 80 | 18.152 | 13.165 | 0.223 | 0.017 | 2021-02-2... | 18.250 | 2021-02-2... | 16.422 | 2021-02-2... | 13.19 |
| 3 | 153:3#主变B套中压侧零序电流_电流采样值1 | 电流 | N | 80 | 69.620 | 50.114 | 59.598 | 65.898 | 2021-02-2... | 70.043 | 2021-02-2... | 54.261 | 2021-02-2... | 50.12 |
| 4 | 154:3#主变B套中压侧零序电流_电流采样值2 | 电流 | N | 80 | 69.594 | 50.100 | 59.579 | 65.875 | 2021-02-2... | 70.020 | 2021-02-2... | 54.244 | 2021-02-2... | 50.10 |
| 5 | 157:3#主变低压侧零序电压_电压采样值1 | 电压 | N | 202.312 | 0.481 | 0.865 | 0.689 | 0.684 | 2021-02-2... | 0.485 | 2021-02-2... | 0.870 | 2021-02-2... | 0.555 |
| 6 | 158:3#主变低压侧零序电压_电压采样值2 | 电压 | N | 202.312 | 0.482 | 0.865 | 0.689 | 0.685 | 2021-02-2... | 0.486 | 2021-02-2... | 0.868 | 2021-02-2... | 0.556 |
| 7 | 165:2#主变中压侧零序电流1 | 电流 | N | 80 | 109.895 | 70.028 | 1.445 | 0.076 | 2021-02-2... | 110.576 | 2021-02-2... | 90.482 | 2021-02-2... | 70.04 |
| 8 | 166:2#主变中压侧零序电流2 | 电流 | N | 80 | 109.923 | 70.046 | 1.448 | 0.076 | 2021-02-2... | 110.605 | 2021-02-2... | 90.503 | 2021-02-2... | 70.04 |
| 9 | 172:2#主变中压侧零序电压_电压采样值1 | 电压 | N | 202.312 | 1.027 | 1.258 | 1.180 | 1.031 | 2021-02-2... | 0.996 | 2021-02-2... | 1.255 | 2021-02-2... | 1.018 |
| 10 | 173:2#主变低压侧零序电压_电压采样值2 | 电压 | N | 202.312 | 1.027 | 1.257 | 1.179 | 1.029 | 2021-02-2... | 0.997 | 2021-02-2... | 1.256 | 2021-02-2... | 1.017 |

**图 3-21　分析 N 相电流电压**

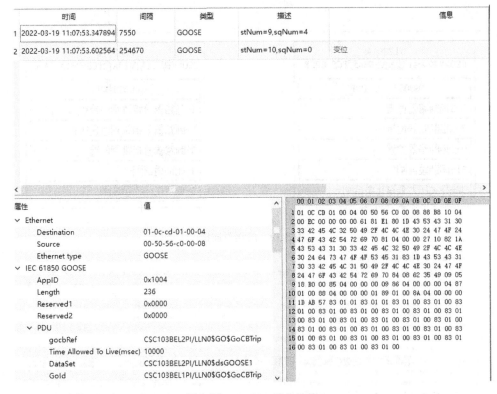

图 3-22　GOOSE 报文结构

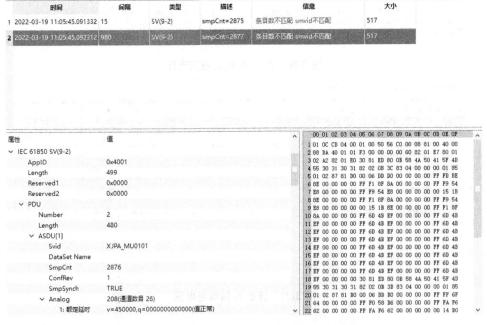

图 3-23　SV 报文结构

# 第三节　图及图信号处理基础

## 一、图分析概述

网络是一种常见的用于描述诸对象(节点)及其相互间联系的数据结构模型。从数学层面讲,网络就是由节点和连线构成的图$(G)$,$G=(V,E,W)$。式中,$V$为节点集合;$E$为边集合;$W$为权重矩阵。

### (一)典型的图

#### 1.树图

树图是典型的辐射状图,由根节点和其他子节点构成。树图可视化有多种模式,典型的文件系统属于树结构、数据挖掘的决策树等。基本可视化方法包括节点-链接布局、径向布局、填充法等,目前用的较多是第一种,但在某些领域采用填充法或许更好。树图不是本书讨论的重点。

#### 2.弦图

弦图可用于多个对象的相互连接的分析,如物流等。

#### 3.网络图

网络图是常见的布局算法,如力导算法、动力学算法、节点链接矩阵图、层次网络图、聚类网络图等。根据不同的应用采用不同的布局方式。在此基础上考虑时间则构成时间序列图、流图、动态网络图等。

#### 4.态势图

结合态势感知分析构成的图,事实上所有的态势感知都可以表达为态势网络图,因为态势网络图最早是用于网络安全的,但其网络布局方法完全可以采用传统的布局方式,结合态势感知的参数变化进行优化。对于智能变电站二次网络、交换机网络、广域保护的通信网络、整个电网的保护系统,都适合进行态势感知分析,并利用态势感知图进行分析和挖掘。

#### 5.多视图

随着大数据的应用,把不同维度、不同类型的数据结合在一起,分析数据挖掘中重要的关联性。进行多网络视图协调的多视图方面目前也是研究的热点,多视图可以作为关联分析很好的补充,尤其是交互式的多视图关联分析,比采用人工智能方式挖掘关联关系可能更直观。这个可以作为目前智能电网的一个重要研究方向。

### (二)与图相关的矩阵

与图相关的矩阵有权重矩阵$W$、邻接矩阵$A$、关联矩阵$C$、度矩阵$D$、入度矩阵$D_{in}$。

拉普拉斯矩阵:$L=D-W$;有向拉普拉斯矩阵:$L=D_{in}-W$。

对于一个基本网络图,有许多度量图的属性的测度,如平均直径、平均聚类系数、邻居数目等。

### (三)图的分析技术

(1)图过滤技术。基于节点属性进行不同对象的分析。

（2）图的特征计算。如度、网络节点、子网络、图密度等。

（3）图的聚类。基于图的分析、社团查找、簇的查找等。

（4）图的映射和关联。基于图的节点重新排列或者矩阵运算，发现图的一些特征或者关联信息。

（5）图的划分。如寻找最大的子图、子图划分、巨人网络图等。

## 二、图信号处理及谱方法

### （一）复杂网络的谱概述

复杂网络结构矩阵的特征值向量揭示另外网络拓扑和其整体行为的信息。除基本的图节点分布、度量等信息外，网络结构矩阵的特征值提供了频率解释，这对于分析定义在网络上的数据是非常有用的。

图的结构矩阵（如邻接矩阵、游走矩阵、拉普拉斯矩阵等）的 $N$ 个特征值的集合成为图的谱。

### （二）复杂网络的拉普拉斯谱

图的拉普拉斯谱可以应用于复杂网络分析的若干应用。图的拉普拉斯矩阵的特征值和特征向量可以用于复杂网络数据的频率分析，因此可以用于测量网络之间的差异性（或者相似性），可实现图的谱聚类。

### （三）图傅里叶变换 GFT

在复杂网络上定义的一组数据成为由网络结构支持的图信号。

图信号是定义在任意图的顶点上的数据值，由于图的不规则性，其处理方法和经典的离散时间信号处理方法有差异。

将频谱图论概念同计算谐波分析相结合，通过类似经典傅里叶变化的图傅里叶变换进行图的频率分析。进一步的分析是多尺度分析的图谱小波。图信号处理的傅里叶变换和经典的傅里叶变换类似，主要差异在于傅里叶变换采用复指数作为傅里叶基，为固定基，其频率为角频率 $\omega$，图信号采用图的拉普拉斯算子的特征向量作为变换基，频率为图的拉普拉斯算子的特征值，由于图的拉普拉斯算子特征向量随着图结构变换，因此是不固定的。类似的提供图滤波，通过图的平移、调制等实现。也可以通过窗口的图傅里叶变换实现在图的顶点域进行分析，经典的傅里叶变换在时域分析。

图的拉普拉斯谱可以量化图信号的变化，图信号变化意味着相邻信号系数具有相似的系数，通过测量全局方差 $S_2(f)$ 进行刻画，当图信号比较平滑时，$S_2(f)$ 较小。

图的拉普拉斯算子的特征向量对应的成分图的信号称为图谐波，图的拉普拉斯矩阵的特征值具有类似的频率的概念，较小的特征值对应低频，较大的特征值对应高频，对应的系数称为 GFT 系数。图信号的 GFT 系数的集合称为图信号的谱，在顶点域和图谱域进行表示。比如图的某个信号和平均的图信号接近，其 GFT 信号集中在图谱域的低通部分，而变化量大的顶点的信号集中在高频部分，由此可以实现基于 GFT 的影响重要度排序。

需要注意的是，图拉普拉斯谱和图结构紧密联系，随着一个支路的改变，其图谱将发生很大的变化，这个特性可用于检测电网发生某处跳闸或者发生较大的波动。

**(四)基于 GFT 在故障波及网的应用概述**

由于 GFT 能够对图信号的变化进行检测和分析,因此可以用于故障时相关图信号信息的分析。

(1)整个网络的信号总体变化情况分析。

(2)在网络动态发展过程中信号变化大小的分析和排序。

(3)暂态特征变化情况。

(4)不同运行方式下网络图信号的变化差异总体情况和局部情况。

(5)双重化保护动作行为图信号的相似情况分析。

(6)整定配合度的变化情况分析。

**(五)复杂网络的图多尺度变换技术**

GFT 具有捕获图信号全局变化的能力,通过其系数也能分析大致的变化情况,但精确的局部信息则需要通过窗口傅里叶变换和图小波。

图小波变换旨在定位顶点域和谱域中的图信号内容。鉴于故障波及网涉及的网络规模不大,因此本书不考虑应用图小波进行局部精准分析。

## 三、图分析和可视化建模及应用方法思考

基于图的分析和可视化技术目前是大数据分析、数据挖掘与分析的一个重要分支,在一些科学分析,尤其是基因查找和分析中得到很好应用,也有专门的分析软件,如 Cytoscape。在电力系统可视化中,应用图分析并不多,在二次系统进行基于网络图的分析和可视化还属于空白。

对智能电网一、二次系统进行图分析和可视化首先是要建立起模型,即节点和连接数据集。需要注意的是,节点为研究对象,连接表示不同的意义,根据需要建立连接。图分析能够找出并理解反常现象,如意料之外的连接或流动、欺诈等,虚端子可识别误连接。连接不一定是直接物理连接,也可能是其他逻辑连接,如住院病人转院医生的连接、电脑间发送接收信息连接等。另外,可视化连接和连接模式对于识别风险可能很有用,关键是选择哪种连接或模式能够体现出潜在风险。连接的多重化揭示不同的问题,不同时间可以查看不同的连接方式。最后连接还可以考虑相关性,或者某种关联概率,矩阵也是一种连接。

智能变电站可以应用的网络图数据源分析如下:

(1)SCD 文件。本身采用 xml 语言,其文件架构本身是树图结构,其中通信部分也是树图结构,但其中隐藏的信息是所谓的虚端子连接信息:IED 为节点,通过 input 构成的 IED 间的虚连接为连接对象。此外,如果用于关联分析,其节点还可以 SCD 文件中涉及的厂家作为节点(如果分析的重点是 SCD 文件中厂家间的 IED 的关联配合情况的话)。目前,我们研究的最多的就是 SCD 文件系统的图可视化分析。

(2)智能变电站通信网络。智能变电站各类 IED、交换机、路由器、监控系统都可以作为分析节点。

连接方式 1:理论上包含任何 IP 地址或者 MAC 地址的设备都可以作为节点。这样源 IP 和目的 IP 之间的任何通信连接都可以作为通信报文分析的图可视化。此连接的重

点在分析连接信息的报文异常、流量等。

连接方式 2:基于设计院的实际物理连接也可以构成物理连接图,其连接变为光纤物理连接,此连接重点分析光纤物理连接的状态,比如通信口发送的光功率变化、光口温度变化、通信口流量变化、报文的误码率等。通过其他的数据可以进行关联可视化分析。

注:两种方式的结合可用于对智能变电站网络风暴的可视化分析和研究。

(3)智能变电站 IED 运行状态网络图。对于运行中的智能变电站而言,可以通过各 IED 采集或者上送的各类信息收集到各 IED 系统的运行数据,包括其自身是否有异常,压板状态、装置温度、光口监视情况、通信连接状态等,还包括采集的信息量,如电流电压值,GOOSE 报文情况可以在 SCD 虚端子图作为底图的情况下形成运行的动态网络图。采集的信息可视化后可以和监控系统的一次主接线图进行关联分析。另外基于压板和定值信息构成的网络图可以进行目前流行的智能站二次安措系统可视化分析。

图分析和可视化对于智能电网中需要探索的节点(对象)以及连接(对象间的关系)是很有效的,并且可以很好地和数据挖掘及分析结合起来,但在这方面研究还不多。主要的可视化目标是更直观地将所关注的信息展示出来,而图分析和可视化目标是通过图布局技术、图分析计算、图过滤技术、图查询及交互技术进行网络的特征分析、网络异常分析等。

目前,智能电网中图分析和可视化主要集中于输电网和配电网,调度自动化系统潮流等可视化,对于二次系统的图分析及可视化还未见到相关文献,结合数据挖掘、故障诊断、人工智能分析等技术的图分析和可视化技术是一个值得研究的课题。

# 第四节　图特征向量中心性的故障诊断分析

随着大数据和人工智能技术的发展和应用,基于故障录波信息的智能分析和诊断也在不断研究中,从基于故障录波时序网[1]、广域录波[2]的诊断系统发展到多数据源融合的故障信息诊断[3-4]。人工智能技术融合的智能录波信息诊断系统[5]也成为热点。目前,基于故障录波信息的诊断系统主要通过继电保护及故障信息管理主站进行采集[6],将故障时相关的故障录波器和保护装置的录波通过故障信息子站上送。由于录波文件往往较大,因此实际故障信息上送优先是保护装置动作报文和装置启动报文等文本信息,然后再对故障录波波形文件整理后上传。上传一般主动上送有保护元件动作的装置录波,其余的录波信息则通过召唤获取。基于广域和多源融合的故障录波智能分析还需进一步整理录波文件,然后进行数据预处理[2,4],根据录波进行智能分析,最终确认故障点。这个过程处理时间较长。缩短诊断时间,利用一些能够快速获得的录波信息对故障进行快速判断识别,以初步掌握电网故障情况,为后续有重点收集录波数据进行故障分析和校核,提高智能录波分析效率是非常必要的。

目前,故障录波信息中,除故障元件的动作信息外,能够快速获得的是其他故障信息,主要是非故障元件的启动信息。启动报告信息除启动时间和启动元件类型外,往往还包括启动值(相当于启动灵敏度),一些保护设备和故障录波器的启动报告信息没有启动值,通过装置升级,也很容易获得启动值大小。由于启动值大小反映了电网各节点和支路对于故障感知的大小,因此通过对启动信息中的启动值进行分析,能够提供许多有价值的信息,尤其是故障发生最初时刻的一些有用的信息,如故障发生时刻、故障严重程度、故障相别、故障元件等。由于故障启动信息上送和保护动作信息上送都是采用报文上送,所以速度很快[7]。电网故障感知与分析的全景录波平台录波协控[8]提供了平台支撑,能实现基于故障录波启动信息的快速诊断,还可实现对启动元件的性能评价[9]。

电网的智能诊断方法主要有专家系统、贝叶斯网络、Petri 网和神经网络等[10],但上述方法基于开关量和相互逻辑关系、依赖先验概率等,因此仅基于启动信息的诊断分析不适合采用上述方法。直接对故障启动信息,通过如聚类等方法比直接进行统计分析更好。但对于一些将网络结构紧密的数据集转换为一个加权图,并将图中心性作为评价网络节点重要性的指标,效果将更显著[11]。由于电网故障特征分布与电网结构紧密相关,因此将故障启动信息建模为一个加权图,利用节点重要度(可获得图中心性)分析方法进行故障网络变化和故障元件诊断分析,能够获得更好的效果。

图的节点重要度在电网的安全评估、连锁故障诊断等方面有重要应用[12]。但电网中的节点重要度主要根据节点在输电网络中的功能对节点进行分类,不同类型节点以不同指标各自评估其重要性,不适合故障网络的节点重要度评估。图节点重要度方法很多,包含 4 大类 30 种方法[13]。基于度的节点重要度算法,主要考虑节点位置影响;基于路径的节点重要度算法,主要考虑节点间路径的重要性。而对于故障启动信息网络的节点重要度分析,本质是诊断分析出故障时影响最大的节点或支路,或者说故障特征最明显的节点或支路,因此不太适合于故障网络节点的重要度分析。基于特征向量的节点重要度方法根据相邻节点的中心性来进行加权[13],不仅考虑节点邻居数量,还考虑了其质量对节点重要性的影响,使得特征向量法的应用广泛,包括网络异常点定位[14]、节点重要度识别[15]、多层次网络的节点重要度分析等。因此,将特征向量中心性算法用于故障启动信息网络的故障中心识别是更适合的一种方式,经过试验也证明特征向量法比基于度和路径的算法效果更优。

下面以故障录波启动信息建模的图信号网络,然后采用图平滑度分析方法判断电网是否发生故障及识别故障类型,最后基于网络节点特征向量中心性算法识别故障元件及进行可视化展示。

## 一、故障启动信息网络信号图建模分析

图通过将实体表示为节点并将实体间的关系表示为边来建模物理和虚拟系统。图 $G$ 在数学上表示为 $G=(V, E, W)$,其中 $V=\{V_1, V_2, \cdots, V_n\}$ 为图中 $n$ 个节点的集合,$E=\{e_1, e_2, \cdots, e_n\}$ 是图中 $n$ 条边的集合,而 $W$ 是权重矩阵,代表图中每条边的权重。故障启动信息网络信号图的建模就是如何选择网络图的节点和节点间相互关系及权重。

图信号是定义在任意图上的数值。对于图 $G$,可以表示为 $N$ 维向量 $f=[f(1), f(2), \cdots, f(N)]^T$,其中 $f(i)$ 为节点 $i$ 上图信号的值,紧密依赖于图 $G$。

故障启动信息网络是由启动的那些节点和支路的录波信息构成的信息网络,显然它是电网的一个子网,其网络结构与故障电流位置、故障类型、启动值设置大小等有密切关系。

　　节点启动信息考虑母线电压信号。目前,可以直接获取的节点信息为突变量电压、零序电压,下面主要以这两种进行分析。此外,根据节点连接的支路电流,也可以计算得到节点的入度电流、总电流等其他信息。因为如果一个变量被很多变量依赖,或被少数几个重要的变量依赖,则变量的重要性较高。因此,有较少链入数的变量可能比有较多链入数的变量重要性更高,同时根据变量枢纽性作用的不同,变量的重要性也不相同[14]。所以,选择支路启动元件的支路电流为权重,用节点电压信号建模是合理的。在故障录波信息更丰富的情况下,则通过进一步研究电流、电压、功率、制动电流等的约束关系,找到最佳适合的组合。

　　以线路故障电流和零序电流作为权重。线路的功率、差动电流和制动电流等信息则需要通过录波数据进一步处理得到。

　　支路故障电流通过线路两侧启动元件均可得到,因此以两侧电流绝对值的平均值作为支路电流。电力系统许多线路都是双回线,甚至多回线,这在图论中称为多重图,但一些图分析处理算法无法直接处理多重图,所以在实际工程中,将多回线整体作为一个支路,其权重为所有回线的故障电流之和。

　　为便于计算和理解,支路权重值和节点信号值均采用标幺值,基准值为对应网络的基准电压和基准电流值。

## 二、基于图信号平滑度的启动信息网络信号图的故障检测

　　事实上,当对构建的启动信息以可视化的方式以如图 3-24 所示的方式呈现出来的时候,我们能够看出主要的故障支路和电压变化波动的故障节点。但如何能够度量这个 A 相的启动信息构成的信号网络图是否发生故障及其严重程度,在图信号处理中,可以通过梯度测量和全局方差的计算来度量整个网络的信号变化情况[15],即通过图节点信号的平滑性分析是否发生故障及故障类型。

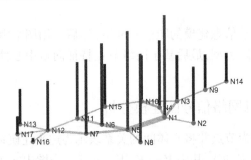

图 3-24　启动信息网络信号图

**(一)图信号平滑度分析原理**

1. 量化图信号的变化

　　根据信号值所在的加权图的内在结构来定义图信号的平滑度,网络各节点基于权重的信号变化可以通过节点 $i$ 处的梯度来分析。

　　图信号 $f$ 相对于边 $e_{ij}$ 在顶点 $i$ 处的导数定义为

$$\frac{\partial f}{\partial e_{ij}}\bigg|_i = \sqrt{w_{ij}}\,[f(j) - f(i)] \tag{3-1}$$

式中 $f$——节点信号;

    $w_{ij}$——第 $ij$ 支路的权重。

2. 图信号的全局变化平滑度

可以通过式(3-2)对所有节点间梯度变化求加权和,以度量整个网络信号的平滑性。

$$S_2(f) = \frac{1}{2}\sum_{i \in V}\sum_{j \in V} W_{ij}[f(i) - f(j)]^2 \tag{3-2}$$

$S_2(f)$ 也被称为图拉普拉斯二次型。当图平滑的时候 $S_2(f)$ 小,反之 $S_2(f)$ 则较大,因此 $S_2(f)$ 度量了整个网络的全局平滑度或者网络信号变化波动程度。对于启动信息网络信号图而言,$S_2(f)$ 为所有节点电压相对于支路电流的变化量之和,由于故障分布不均匀,故障节点及其支路比非故障节点及其支路的特征差别明显,因此计算启动信息网络信号图的 $S_2(f)$ 可以作为度量电网故障严重程度的一个判据(引起网络变化波动程度)。

**(二) 基于图拉普拉斯二次型 $S_2(f)$ 的故障检测**

1. 分相故障检测

由于非故障相在网络中整体变化差异比故障相小得多,因此对不同相启动元件的 $S_2(f)$ 进行计算,就可以识别发生的故障相。

不同网络结构,不同地点发生故障时 $S_2(f)$ 不同。在同一个网络运行方式发生变化时,其 $S_2(f)$ 变化差异不大,所以比较准确地检测差异定值可以采用运行方式下 $S_2(f)$ 的均值作为参考。以 IEEE-39 节点为例,故障相平均 $S_2(f)$ 为 1.65,非故障相平均 $S_2(f)$ 为 0.16,因此可以将 $(1.65 - 0.16)/2 = 0.75$ 作为识别依据。事实上,故障相 $S_2(f)$ 最低为 1.12,非故障相 $S_2(f)$ 最高为 0.21,因此能够较好识别。以 IEEE-39 节点网络为例,经验值可以取 $S_2(f)\,\mathrm{set} = 0.5$ 为检测识别门槛。

2. 接地故障检测

零序启动元件能够反映系统是否发生接地故障,因此对采用节点信号为零序电压,支路权重为零序电流构建的零序启动信息信号图,其 $S_2(f)$ 可以作为网络是否发生接地故障的依据。由于故障波及网络图的零序电流和电压变化程度比突变量更大,因此当系统未发生接地故障时,其 $S_2(f)$ 接近于 0,发生接地故障的时候,其 $S_2(f)$ 大约为 3.5,差异度明显高于突变量。经验值取 $S_2(f)\,\mathrm{set} = 0.2$ 作为接地故障识别依据。

## 三、基于网络节点特征向量中心性的电网故障元件识别算法

通过图拉普拉斯二次型对故障启动信息网络信号变化的全局测量能够识别系统是否发生故障及故障相,但对于故障元件则需要通过图中心性进行识别。基于图的中心性算法建模本质是图的节点重要度计算分析,即节点对于故障感受的重要度分析。

**(一) 特征向量中心性**(eigenvector centrality,简称 EC)

特征向量中心性更加强调节点所处的周围环境(节点的邻居数量和质量),它的本质是一个节点的分值,是它的邻居的分值之和。节点可以通过连接很多其他重要的节点来提升自身的重要性[13]。特征向量中心性及其变体应用广泛,例如页面排序法(page rank），是谷歌搜索引擎的核心算法。

EC 根据相邻节点的中心性来对其加权，节点 $i$ 的 EC 与连接到节点 $i$ 的其他节点的中心性之和成正比，节点 $i$ 的 EC 计算公式如下：

$$EC(i) = \frac{1}{\lambda} \sum_j A_{ij} EC(j) \qquad (3\text{-}3)$$

式中　$EC(i)$——特征向量中心度；

　　　$\lambda$——一个常数；

　　　$A_{ij}$——图的邻接矩阵。

通常选用邻接矩阵最大特征值对应的特征向量，因此网络中节点 $i$ 的 EC 值就是与节点 $i$ 上邻接矩阵的最大特征值对应的特征向量的值。

对于采用支路电流作为权重的启动信息网络图，由于整个故障电流的分布中故障点最高，然后扩散到其他相邻节点及支路，因此故障点的 EC 值将明显高于其他非故障的节点。对于线路故障而言，与线路连接的两个节点的 EC 值将最高，且明显高于其他节点。同时，由于故障的扩散与网络结构有关，具有一定的层次关系，使得启动信息网络 EC 值分布呈现层次性。故障线路的两个节点 EC 值最高，其次是与这两个节点直接相邻的节点为第二层次，最后是其他的节点。

对网络中节点度特别大的节点，特征向量中心性会出现分值局部化现象[13]，即大多数分值都集中在节点度大的节点上，使得其他节点的分值区分度很低。局部化现象对于网页排序等重要度是不利的，但对于故障启动信息网络的故障元件识别却是一个优势，能够更好识别出故障元件。

### (二) 基于节点信号的特征向量中心性方法

传统的图中心性算法仅考虑图结构和权重。因此，采用支路电流的特征向量中心性算法，本质上是通过度量故障电流在网络的分布情况来度量不同节点的故障电流传播重要度。对于网络中节点度大的支路故障，故障电流分布变化大，因此识别效果很好，但在那些节点度小的网络附近故障，识别效果会下降。

考虑到节点电压作为故障的另一个重要特征，在图中心性度量中能够利用到节点电压信息，将提高故障元件识别准确度。一种方式是将节点电压和支路电流转换为支路功率，但这种方式会增加计算量和拓扑分析难度，其次是各节点数据同步的影响。另一种方式是将节点 EC 值和节点电压的 $EC_u$ 乘积作为节点新的重要度，计算公式如下：

$$EC_u(i) = EC(i) \cdot U_i \qquad (3\text{-}4)$$

式中　$U_i$——节点突变量电压值。

$EC_u$ 同时考虑了电流分布的影响和节点电压分布的影响，提高了故障元件的识别度。

通过式 (3-4) 基于电压的特征向量中心性 $EC_u$ 的计算，其 $EC_u$ 的排序结果中将有两个节点的 $EC_u$ 最大，明显高于其他所有支路，可诊断该两个节点连接的支路为故障支路，基于这种方式无法识别出故障是在线路还是线路连接的两个母线节点上，需要结合其他信息进一步判断。

### (三) 算例及分析

为验证所提算法对于复杂的多点故障的检测识别能力，以图 3-25 网络中分别在相邻支路中间发生 A 相和 C 相接地故障为例进行分析。为便于比较,重要度结果均按照各向量最大值进行归一化处理。

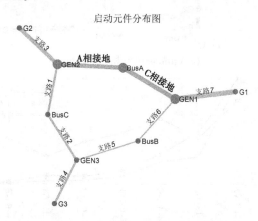

图 3-25　算例网络及故障点示意图

**1.故障变化程度检测**

分别对各相和零序的 $S_2(f)$ 进行计算,用以评估故障相和故障类型,如表 3-1 所示。

表 3-1　ABC 相和零序的图平滑度分析表

| 图平滑度 | A 相 | B 相 | C 相 | 零序 |
|---|---|---|---|---|
| $S_2(f)$ | 0.25 | 0.01 | 1.36 | 4.05 |

根据结果分析判断 A 相和 C 相有接地故障。C 相故障网络和零序网络变化波动很大,这与 C 相故障点更靠近主电源 G1 有关。零序分量波动变化明显大于 A 相、C 相,所以基于图平滑的接地故障检测是比较灵敏的,这与线路零序阻抗更大、零序电压变化也更大有关。

**2.分相的故障中心点识别**

由于启动信息网络是分相建立的,所以根据表 3-1 的检测结果,A 相和 C 相发生接地故障,因此分别对 A 相和 C 相进行基于 $EC_u$ 的中心性计算分析。为了更好地利用图信号分析便于可视化的优势来揭示网络变化特征,结果采用图信号可视化方式进行展示,支路电流大小通过不同线宽表示,节点信号重要度用竖线长短表示,并在三维坐标中表示。A 相特征向量中心性分析结果如图 3-26 所示。

由 A 相特征向量中心性分析结果可以看出,故障支路连接的两个节点 BusA 和 GEN2 重要度值 $EC_u$ 接近 1,在第一层次。与之相邻的 G2、BusC 和 GEN1 为第二层次,其重要度值平均为最大值的 20% 左右。最后是其他层节点,重要度低于 5%。与仅考虑结构、不考虑电压的 EC 值相比,其故障节点和非故障节点差别更大,因为考虑了电压的因素,所以区别更明显,对于故障中心识别效果更优。但 EC 值对于电流分布变化的层次变化更明显。

类似于 A 相,如图 3-27 所示,C 相的特征向量中心性正确识别故障线路对应的节点 BusA 和 GEN1。由于 C 相故障更严重,所以相对于 EC 值,$EC_u$ 在第二层次差距相当明显,排序 3 的 EC 值为 0.6 和排序 2 的 EC 值为 0.8,只差 0.2,对应的 $EC_u$ 差异值为 0.6,所以识别准确度明显更高,这与考虑了电压因素有直接关系。

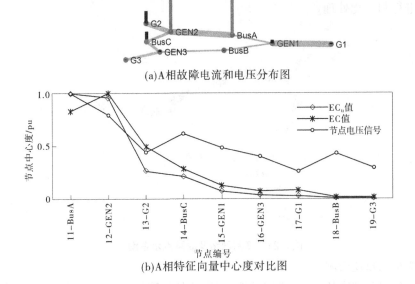

(a)A相故障电流和电压分布图

(b)A相特征向量中心度对比图

**图 3-26　算例 A 相中心性分析结果图**

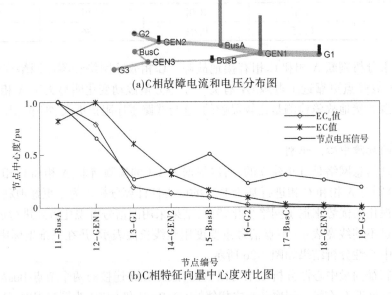

(a)C相故障电流和电压分布图

(b)C相特征向量中心度对比图

**图 3-27　算例 C 相中心性分析结果图**

3. 基于零序的故障中心点识别

不同于 A 相、C 相,如图 3-28 所示,由于同时在多点接地,所以零序的特征向量中心性值 $EC_u$ 识别最大的故障节点为两条线路的中间节点 BusA,且比排序 2 和 3 的节点 $EC_u$ 大 0.8,呈现出一个故障点的状态。

**(四) 实际电网故障验证及分析**

对某 500 kV 电网实际发生的故障进行算法验证。由于目前尚未实现启动元件动作

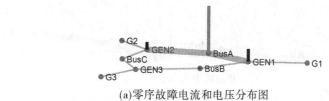

(a)零序故障电流和电压分布图

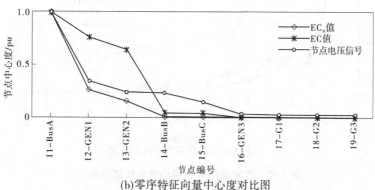

(b)零序特征向量中心度对比图

**图 3-28　算例零序中心性分析结果图**

信息主动上传,需要进行设置和改进部
分设备方可实现。首先从保护信息主站
将故障时所有启动的故障录波信息召唤
上来;然后利用主站分析功能得到启动
值,通过调度自动化系统得到网络拓扑
值,构建出启动元件的故障波及网络图。
图 3-29 所示为 N1 和 N5 节点间支路 L1
发生 A 相接地故障。

1. 故障变化检测

分别对各相和零序的 $S_2(f)$ 进行计
算,结果如表 3-2 所示。

根据结果分析判断 A 相有接地故

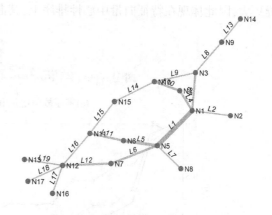

**图 3-29　实际故障波及网络及故障点示意图**

障。由于网络规模比算例更大,因此整体的平滑度值 $S_2(f)$ 比算例更大,网络越大,结构越
复杂,越能体现所提算法的优越性。

**表 3-2　ABC 相和零序的图平滑度分析表**

| 图平滑度 | A 相 | B 相 | C 相 | 零序 |
| --- | --- | --- | --- | --- |
| $S_2(f)$ | 0.71 | 0.06 | 0.04 | 6.19 |

2. 分相的故障中心点识别

如图 3-30 所示,对 A 相的启动信息进行特征向量中心性分析,A 相故障中心节点 N1
和 N5 的节点重要度均接近 1,其余节点重要度小于 0.26,识别故障元件为 N1 和 N5 节点
间的支路 L1。

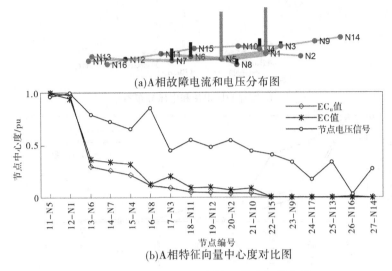

(a)A相故障电流和电压分布图

(b)A相特征向量中心度对比图

**图 3-30 实际案例 A 相中心性分析结果图**

**3. 基于零序的故障中心点识别**

实际案例的零序特征向量中心性计算分析结果如图 3-31 所示,由于零序网络变化差异更大,因此体现在特征向量中心性排序上,其曲线明显比 A 相更陡。

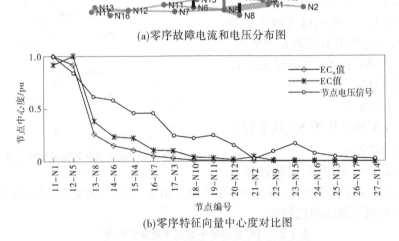

(a)零序故障电流和电压分布图

(b)零序特征向量中心度对比图

**图 3-31 实际案例零序中心性分析结果图**

# 第五节 图傅里叶变换的故障诊断分析

## 一、基于冲突图模型的启动灵敏度图信号建模

图表示为 $G = (V, E, W)$,其中 $V = \{v_1, v_2, \cdots, v_N\}$ 为图中 $N$ 个节点的集合,$E = \{e_1,$

$e_2,\cdots,e_M$ 为图中 $M$ 条支路的集合,$W$ 为图的权重矩阵,其元素 $W_{ij}$ 表示节点 $i$ 和节点 $j$ 之间的边的权重($W_{ij}=0$ 表示节点 $i$ 和节点 $j$ 无连接)。图信号是定义在图的顶点上的一组值,表示为 $N$ 维向量 $f=[f(1),f(2),\cdots,f(N)]T$,其中 $f(i)$ 是节点 $i$ 上图信号的值[20]。

**（一）冲突图概述**

图信号处理是对定义在图节点上的信号进行分析。基于电网主接线的图信号则是分析母线节点的信号变化,因此可用以诊断母线节点故障。但电网故障大多是线路故障或者主变某支路故障,诊断线路故障只能通过与线路相连接的母线节点变化间接诊断。利用冲突图模型,可将电网主接线的各支路作为图信号节点进行处理,从而能够直接诊断支路故障元件。

冲突图是将原始图 $G$ 的边变换为节点,边则变换为原始图 $G$ 中与该边直接或者间接相邻的各条边的连接关系,因此冲突图描述了原始图中边之间的相互关系。冲突图的边由直接相邻的边构成,称为 1 跳冲突图,简称为线图。由相邻 2 跳范围内的边构成的称为 2 跳冲突图[20]。图 3-32 显示了一个简单的原始图对应的 1 跳和 2 跳冲突图。

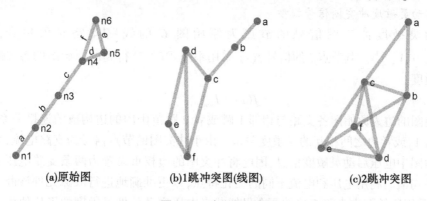

(a)原始图　　　(b)1跳冲突图(线图)　　　(c)2跳冲突图

**图 3-32　冲突图示意图**

1 跳冲突图(线图)模型常用于道路交通流量、通信通道流量的图信号分析[21],2 跳冲突图模型主要用于无线通道信号干扰分析[22]。本书主要采用 1 跳冲突图(线图)进行处理。

**（二）启动灵敏度图信号的冲突图模型**

电网线路发生故障时,故障线路及相邻线路的启动元件可能启动,启动元件类型主要包括分相的电流突变量启动元件和零序电流启动元件。一些线路保护和故障录波还配置负序电流启动元件或者母线电压及零序电压启动元件。启动元件通常会设置启动定值,根据启动时测量的启动值大小可以获得启动灵敏度。启动值可以采用启动后一个周波内有效值或者最大值。

电流启动元件的灵敏度值 $I_{sen}$ 为

$$I_{sen}=I_q/I_{set} \tag{3-5}$$

式中　$I_q$——启动时电流突变量或者零序电流启动值;

$I_{set}$——电流启动定值。

电压启动元件的灵敏度值 $U_{sen}$ 为

$$U_{sen}=U_q/U_{set} \tag{3-6}$$

式中　$U_q$——启动时电压突变量或者零序电压启动值；

　　　$U_{set}$——电压启动定值。

**1. 电网启动灵敏度原始图信号模型**

启动元件灵敏度原始图 $G$ 的图信号采用母线节点的电压启动元件灵敏度作为图信号，各支路的电流启动元件灵敏度值作为边权重。由于线路两侧往往都有启动元件，为更准确地诊断故障支，以线路 $e(i)$ 两侧 $m$、$n$ 启动元件的最大值作为支路启动灵敏度值。

$$I_{sen.e(i)} = \max\{I_{sen.m}, I_{sen.n}\} \tag{3-7}$$

式中　$I_{sen.m}$——$i$ 支路 $m$ 侧启动元件灵敏度；

　　　$I_{sen.n}$——$i$ 支路 $n$ 侧启动元件灵敏度。

电力系统许多线路都是双回线，甚至多回线，在图论中称为多重图。图信号处理算法通常无法直接处理多重图，所以将多回线整体作为一个支路，其权重为所有回线的启动灵敏度之和。故障时变压器各侧绕组后备保护的启动元件也可能启动，取对应侧的电流启动元件灵敏度值作为权重。

**2. 启动灵敏度冲突图信号模型**

启动灵敏度冲突图信号的节点为原始图 $G$ 的线路支路对象集合，$V_t = [V_{e1}, V_{e2}, \cdots, V_{em}]^T$。其节点 $i$ 的信号 $f(i)$ 采用根据式(3-7)得到的原始图的各支路电流启动灵敏度。

$$f(i) = I_{sen.e(i)} \tag{3-8}$$

冲突图的边为原始图各支路与相邻 1 跳或者 2 跳范围内的边构成的连接关系，边权重可以为 1，或者边之间相互的灵敏度关系。由于冲突图的节点信号为支路电流，为充分利用原始图中电压启动灵敏度信息，因此将冲突图的边权重设置为两条支路电压启动灵敏度的平均值。利用电压和电流不同的变化特点，以更准确地进行故障元件诊断。为简单起见，采用原始图中支路连接的两个母线节点电压启动元件灵敏度的平均值作为支路电压启动灵敏度，即

$$U_{e(i)} = \frac{1}{2}(U_{sen.m} + U_{sen.n}) \tag{3-9}$$

式中　$U_{sen.m}$——原始图 $i$ 支路 $m$ 侧母线电压启动元件灵敏度；

　　　$U_{sen.n}$——原始图 $i$ 支路 $n$ 侧母线电压启动元件灵敏度。

假设冲突图的边 $e(i)$ 由原始图 1 跳或者 2 跳范围内的边 $e(m)$ 和 $e(n)$ 构成，则 $e(i)$ 的边权重为

$$w_{e(i)} = \frac{1}{2}(U_{e(m)} + U_{e(n)}) \tag{3-10}$$

式中　$U_{e(m)}$——原始图的边 $e(m)$ 的电压启动灵敏度；

　　　$U_{e(n)}$——原始图的边 $e(n)$ 的电压启动灵敏度。

通过式(3-8)和式(3-10)构建的启动灵敏度冲突图信号模型反映了故障时故障区域线路相互之间电流和电压启动灵敏度之间的变化关系。对该冲突图信号进行计算分析，相对于直接比较各线路的电流或者电压启动灵敏度，能够更准确地刻画电网故障时各线路启动灵敏度的变化，诊断电网故障严重程度及类型和故障元件。

## 二、基于图傅里叶变换的电网故障元件诊断

对于启动灵敏度图信号冲突图的诊断分析是通过图傅里叶变换系数的相关特征进行的。

### (一)图拉普拉斯矩阵及特征向量

图拉普拉斯矩阵 $L$ 定义为

$$L = D - W \qquad (3-11)$$

式中　$D$——图 $G$ 的度矩阵,为一个对角矩阵,$D = \mathrm{diag}[d_1, d_2, \cdots, d_N]$,$d_i$ 为第 $i$ 个节点的度,为与节点 $i$ 相关联的边的权重之和;

　　$W$——图的权重矩阵。

图拉普拉斯矩阵 $L$ 的特征值集合称为图的拉普拉斯谱。$N$ 个节点的图 $G$ 的图谱为

$$\lambda(g) = \{\lambda_0, \lambda_1, \cdots, \lambda_{N-1}\} \qquad (3-12)$$

式中,$0 = \lambda_0 \leqslant \lambda_1 \leqslant \lambda_2 \cdots \leqslant \lambda_{N-1}$ 为特征值,相应每个特征值对应的特征向量为

$$U = [u_0, u_1, \cdots, u_{N-1}] \qquad (3-13)$$

对于边数值为正的权重的无向图,$L$ 的特征值和特征向量均为实数,它有一套完全的标准正交特征向量[23]。

### (二)图傅里叶变换(GFT)

图傅里叶变换采用式(3-13)的特征向量 $U$ 作为变换基,图信号 $f$ 的图傅里叶变换(GFT)定义为

$$\tilde{f}(\lambda_n) = U^{\mathrm{T}} f \qquad (3-14)$$

式中　$\tilde{f}(\lambda_n)$——GFT 相对于特征值 $\lambda_n$ 的系数,称为 GFT 系数;

　　$U$——式(3-13)的特征向量;

　　$f$——图信号向量。

图频率为图拉普拉斯矩阵的特征值 $\lambda_g$[15],类似经典信号傅里叶变换的谐波,而对应的 GFT 系数则类似谐波分量的大小。较小的特征值对应低频,较大的特征值对应高频。$\lambda_0 = 0$ 对应零频,图信号所有值均相同,无变化,相当于经典信号处理的直流分量。

当低频特征值对应的 GFT 系数较大而高频特征值对应的 GFT 系数较小,意味着图信号变化比较缓慢,图信号较平滑;而当高频特征值对应的 GFT 系数较大时,意味着图信号变化比较大,图信号振荡波动较大[20]。

### (三)启动灵敏度冲突图的图傅里叶变换系数特征分析

对于不对称故障而言,由于故障相电流电压波动变化明显高于非故障相,因此故障相的启动灵敏度冲突图的图傅里叶变换后的最大特征值 $\lambda_n$ 显著高于非故障相,对应的 GFT 系数 $\tilde{f}(\lambda_n)$ 也高于非故障相。据此可以判定不同相别的故障变化波动程度,诊断分析故障相。

当发生接地故障时,零序启动灵敏度冲突图的最大特征值及其对应的特征值系数也很大,显著高于正常时候的特征值和特征值系数,据此可以作为接地故障严重程度的分析。

**(四)基于图傅里叶变换的故障元件诊断**

在最高频特征值对应的 GFT 系数中,故障附近信号变化大的节点所占的系数比例大,故障附近变化小的节点所占的系数比例小[16]。最大的特征值 $\lambda_{N-1}$ 对应的 GFT 系数为

$$\tilde{f}(\lambda_{N-1}) = u_{N-1}^{\mathrm{T}} f = \sum_{i=1}^{N} f(i) u_{N-1}(i) \tag{3-15}$$

各节点贡献的 GFT 系数 $f(i)u_{N-1}(i)$ 与 $\tilde{f}(\lambda_{N-1})$ 系数的比值体现了该节点信号变化的重要性,故障支路对 $\tilde{f}(\lambda_{N-1})$ 系数贡献占比显著大于其他所有非故障支路,据此可以进行故障元件的诊断。

定义启动灵敏度冲突图信号各节点的变化重要度为

$$I(i) = f(i) u_{N-1}(i) / \tilde{f}(\lambda_{N-1}) \tag{3-16}$$

$I(i)$ 值最大的支路节点诊断为故障支路,实现流程图如图 3-33 所示。

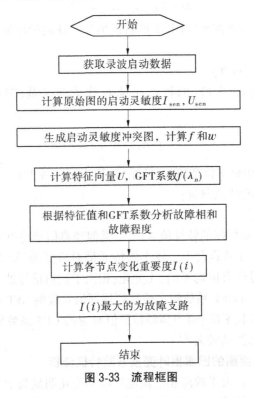

**图 3-33　流程框图**

## 三、仿真算例及分析

仿真算例采用典型 10 节点网络进行测试。故障支路 L4 单相接地故障,分相短路故障及零序故障网络信号图见图 3-34。

图中支路线路粗细体现支路电流启动灵敏度大小;节点尺寸大小体现节点电压启动灵敏度大小。

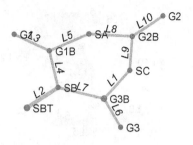

(a)A相启动灵敏度原始图信号　　　　(b)B相启动灵敏度原始图信号

(c)C相启动灵敏度原始图信号　　　　(d)零序启动灵敏度原始图信号

图 3-34　各支路电流波形图及差流波形图

为简单起见,仿真网络 TA 变比均按照 1 200/1,启动元件定值均按照二次额定参数 10%设定。启动灵敏度冲突图采用 1 跳冲突图(线图)模型。

**(一)启动灵敏度冲突图构建**

对原始网络信号图,根据式(3-8)和式(3-10)计算冲突图的边权重和节点信号,分相和零序的启动灵敏度冲突图信号如图 3-35 所示。为便于直观显示,图中标出支路灵敏度权重,其线条粗细和灵敏度成正比,节点大小同节点灵敏度大小成正比。根据图 3-35 可以看出,故障相 A 相可以启动的支路最多,为 9 个支路;非故障相 B 相和 C 相仅有 3 个支路能够启动,且启动灵敏度较低,整个冲突图灵敏度图信号波动较为平滑。零序冲突图网络由于零序分流及部分变压器未接地等原因,有 5 个支路零序启动元件满足启动条件。

**(二)图傅里叶变换 GFT 系数分析**

分别对图 3-35 的 1 跳冲突图信号利用式(3-14)进行图傅里叶变换,其相应的特征值和对应的特征值系数(GFT 系数)如图 3-36 所示。

从图 3-36 的图傅里叶变换特征值及特征值系数图可以看出,故障相 A 相和零序的最大特征值分别为 35 和 13,而非故障相的最大特征值均不超过 5。故障相 A 相和零序最大特征值对应的特征值系数分别为 7.5 和 5,表明对应的图信号的高频分量较大,图信号波动较大。而非故障相最大特征值的特征值系数均不超过 1,表明高频分量较低,图信号波动较小。据此可以分析故障相为 A 相接地故障。

**(三)基于冲突图的故障元件诊断**

利用式(3-16)对故障相和零序的启动灵敏度冲突图各节点对应的支路进行重要度计算,并同目前主流的图节点重要度算法、度重要性和 Page Rank 重要度算法进行了对比。

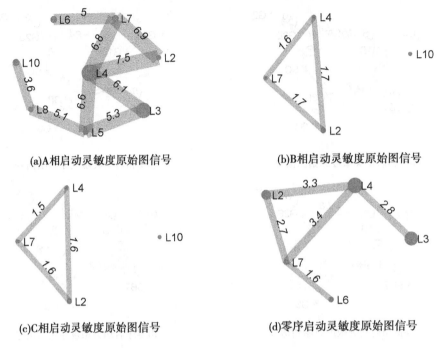

(a)A相启动灵敏度原始图信号

(b)B相启动灵敏度原始图信号

(c)C相启动灵敏度原始图信号

(d)零序启动灵敏度原始图信号

图3-35　分相及零序启动灵敏度冲突图信号

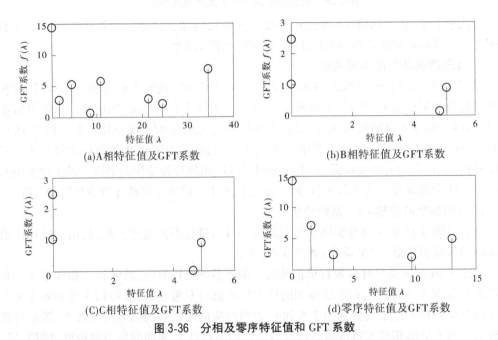

(a)A相特征值及GFT系数

(b)B相特征值及GFT系数

(C)C相特征值及GFT系数

(d)零序特征值及GFT系数

图3-36　分相及零序特征值和 GFT 系数

为便于比较,各算法均采用了同自身最大值相比较的归一化处理。故障相的故障元件诊断结果如图 3-37 所示。

由图 3-37 可以看出,对于各支路直接采用电流或者电压启动灵敏度,L3 和 L4 的电流灵敏度接近,L2 和 L4 的电压灵敏度接近,难以准确区分故障支路。采用度重要性和

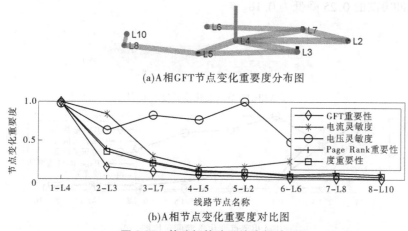

(a)A相GFT节点变化重要度分布图

(b)A相节点变化重要度对比图

**图 3-37　故障相故障元件诊断对比图**

Page Rank 算法,最大的非故障相线路 L3 相对于故障相线路 L4 的重要度比值为 0.4 左右,有较好效果。采用 GFT 系数重要性法,L3 相对于 L4 的重要度比值为 0.16,效果显著优于其他两种典型算法。

零序的故障元件诊断结果如图 3-38 所示。

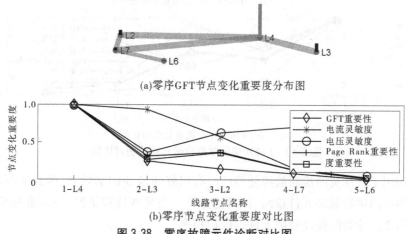

(a)零序GFT节点变化重要度分布图

(b)零序节点变化重要度对比图

**图 3-38　零序故障元件诊断对比图**

由图 3-38 可以看出,对于各支路直接采用电流或者电压启动灵敏度,L3 和 L4 的电流灵敏度接近,L7 和 L4 的电压灵敏度接近,难以准确区分故障支路。采用度重要性和 Page Rank 算法,L3 相对于故障线路 L4 的重要度比值为 0.36 左右,有较好效果。采用 GFT 系数重要性法,L3 相对于 L4 的重要度比值为 0.25,效果显著优于其他两种典型算法。

**(四)采用 2 跳冲突图的故障元件诊断**

采用 2 跳冲突图可以进一步提高诊断故障元件的准确性,图 3-39 为采用 2 跳冲突图的故障相对比图。此时 2 跳冲突图的 L3 和 L4 支路重要度比值从 1 跳冲突图的 0.16 降低为 0.09。而此时度重要性和 Page Rank 算法对于 2 跳冲突图失效。

图 3-40 为采用 2 跳冲突图的零序对比图。此时 2 跳冲突图的 L3 和 L4 支路重要度

比值从 1 跳冲突图的 0.25 降低为 0.18。

(a)A相GFT节点变化重要度分布图

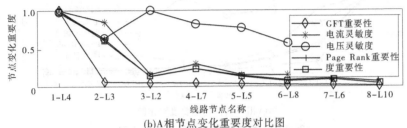

(b)A相节点变化重要度对比图

图 3-39　2 跳冲突图的故障相故障元件诊断对比图

(a)零序GFT节点变化重要度分布图

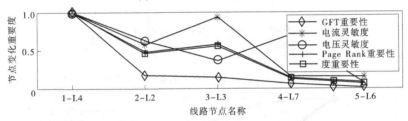

(b)零序节点变化重要度对比图

图 3-40　2 跳冲突图零序故障元件诊断对比图

由于利用 1 跳冲突图诊断故障元件已经有很好的诊断识别效果,因此实际应用中可以优先使用线图进行故障元件诊断,以简化计算。当某些特殊情况,识别准确率不足时,进一步采用 2 跳冲突图提高故障元件诊断识别率。

## 四、实际电网故障验证及分析

对某 500 kV 电网实际发生的故障进行方法验证。由于目前该电网的故障信息主站尚未实现启动元件动作信息主动上传,需要进行设置和部分设备改进方可实现。我们首先从保护信息主站根据实际发生的故障,将故障时所有已经启动的故障录波信息召唤上来,利用主站分析功能得到故障发生启动值,通过调度自动化系统得到网络拓扑参数。启动定值根据故障录波器设置的二次额定定值的 5% 整定,构建出启动元件的启动灵敏度原始信号图。网络拓扑图如图 3-41 所示。图 3-41 中 N1 和 N5 节点间支路 L1 发生 B 相接地故障,故障点靠近 N1 侧。分相及零序的原始故障信号图如图 3-42 所示。

图 3-41 中 N1 和 N5 节点(方形)连接的 L1 支路(粗虚线)发生 B 相接地故障;其中支

路 L13~L19(点线)未达到启动条件,现场未采集到启动录波波形。

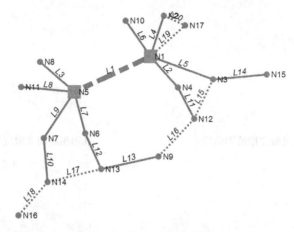

**图 3-41　原始网络拓扑图**

图 3-42 中支路线路粗细体现支路电流启动灵敏度大小;节点尺寸大小体现节点电压启动灵敏度大小。

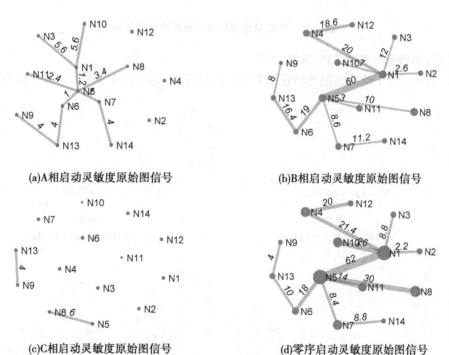

(a)A相启动灵敏度原始图信号　　　　　(b)B相启动灵敏度原始图信号

(c)C相启动灵敏度原始图信号　　　　　(d)零序启动灵敏度原始图信号

**图 3-42　启动灵敏度原始图信号**

## (一)启动灵敏度冲突图构建

分相和零序的启动灵敏度 1 跳冲突图信号如图 3-43 所示。由于 C 相仅有两个不相邻的启动支路,因此无法构成线图。由图 3-43 可以看出,故障相 B 相和零序灵敏度冲突图变化很大,非故障相 A 相灵敏度冲突图信号波动较为平滑。由于 500 kV 系统接地支路较多,因此零序变化波动相比更大些。

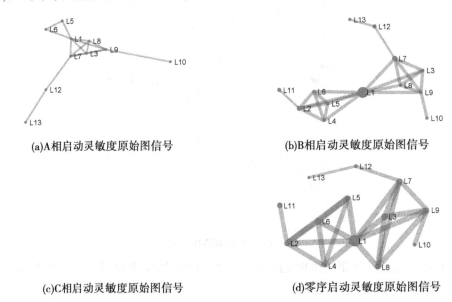

(a)A相启动灵敏度原始图信号　　　　　　　　(b)B相启动灵敏度原始图信号

(c)C相启动灵敏度原始图信号　　　　　　　　(d)零序启动灵敏度原始图信号

**图 3-43　分相及零序启动灵敏度冲突图信号**

## (二) 图傅里叶变换 GFT 系数分析

分相和零序 1 跳冲突图的特征值和对应的特征值系数(GFT 系数)如图 3-44 所示。

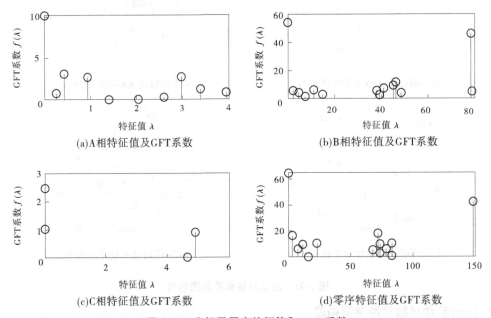

(a)A相特征值及GFT系数　　　　　　　　(b)B相特征值及GFT系数

(c)C相特征值及GFT系数　　　　　　　　(d)零序特征值及GFT系数

**图 3-44　分相及零序特征值和 GFT 系数**

从图 3-44 可以看出,故障相 B 相和零序的最大特征值分别为 80 和 150,而非故障相的最大特征值不超过 5。故障相和零序最大特征值对应的特征值系数均超过 40,接近零频分量,远大于其他中低频分量,表明对应的图信号的高频分量很大,图信号波动很大。而非故障相最大特征值的特征值系数不超过1,远低于零频分量,表明高频分量非常低,图信号波动非常小。据此可以分析故障相为B相,且故障较为严重。

### (三)基于冲突图的故障元件诊断

故障相和零序的故障元件诊断结果如图3-45所示。

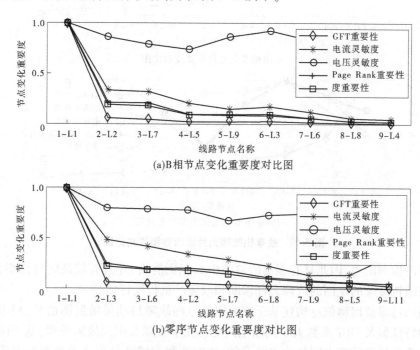

(a)B相节点变化重要度对比图

(b)零序节点变化重要度对比图

**图3-45　故障相故障元件诊断对比图**

由图3-45可以看出,采用GFT系数重要性法,重要度最大的非故障支路相对于L1的重要度比值为0.05左右,效果显著优于其他两种典型算法的0.25左右。

### (四)容错性测试

基于GTF特征系数的诊断算法是基于整个网络图信号的变化特征,而故障启动灵敏度网络变化由故障中心支路向周围波及,因此即使故障支路的电流和电压采集错误,或者无法上传,仍能准确诊断。假设故障支路取平均故障水平,此时仍然能够准确识别故障元件,故障元件诊断结果如图3-46所示。

根据图3-46,故障L1支路电流和电压仅有其他最大支路的50%左右。此时,度重要性和Page Rank重要性算法将错误选择B相故障支路为L2,零序故障支路为L3。而GFT特征重要性法L2与故障支路L1的比值小于0.5,仍然能够准确诊断识别故障支路L1。可见GFT特征法对于启动灵敏度冲突图信号的容错性很好,显著优于其他图节点重要度算法。

## 五、小结

根据仿真及实际案例,采用启动灵敏度冲突图信号的GFT特征法进行故障元件诊断,由于充分利用了故障支路和非故障支路的差异变化特征,并利用图傅里叶变换对故障

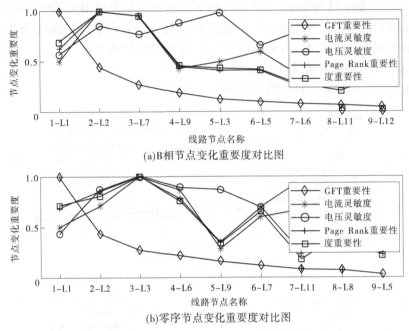

(a)B相节点变化重要度对比图

(b)零序节点变化重要度对比图

**图 3-46　故障相故障元件诊断容错性对比图**

变化很强的检测能力,因此具有很高的故障中心识别能力,并具有较高的容错能力,尤其适合网络结构复杂的电网的故障元件诊断和故障严重程度评估。

　　本书通过录波启动信息构建基于冲突图的电网故障启动灵敏度图信号,利用图傅里叶变换的特征值及 GFT 系数大小判断电网是否发生故障及识别故障类型,基于图傅里叶变换高频系数特征诊断电网故障支路元件,准确性和容错性显著优于典型的度重要性和 Page Rank 重要性算法。

　　基于本书提出的灵敏度冲突图模型,下一步将继续研究不同电压等级下图傅里叶变换特征值及系数的变化特点和规律,提高各种不同电压等级和类型复杂电网的故障诊断准确性和实用性。另外,如果对故障后相关波形变化构建变化的图信号模型,则可以利用 GFT 对图信号变化的敏感度,对故障的动态变化及故障区域保护灵敏度的动态变化进行准确分析和诊断。最后,可以采用图信号处理的其他高级技术进行数据挖掘和分析,如利用图滤波进行启动元件异常检测等。

# 第六节　基于图信号的变电站差动保护诊断分析

## 一、概述

　　基于故障波及站点母线的分相差动电流和制动电流、工频变化量差流和制动电流、零序差流和制动电流分别进行计算。对于线路故障而言,则所有波及站点的计算差流的总和均远小于制动电流,同时故障相制动电流远大于非故障相的制动电流,故障越严重,波及站点越多,越明显。即使对于轻微接地故障,故障相的工频变化量制动电流之和也大于非故障相的制动电流之和,因为它用到了全网所有的故障信息。实际应用可以考虑通过故障支路给予更大权重提高检测分析灵敏性。对于一些线路,由于轻微故障可能出现选相错误,或者无法选相,此时利用全网更充分的信息,能够进行正确判断。

在某处故障过程中,相当于所有线路元件均经历了区外故障,此时所有差动保护在此故障情况下均经历了区外故障检验,越靠近故障点,检验量越大,可进行的相关分析包括以下内容:

(1)差动特性分析,差流分析,两侧电流互感器(TA)传变误差(需要结合故障录波考虑),并对两侧 TA 传变特性进行对比分析,也可以和人工测试结果或者厂家测试参数进行对比分析。

(2)母线差动保护各支路特性分析,差流大小,支路平衡系数设置是否正确,尤其近故障点饱和特性分析,安全裕度可视化(差动电流和制动电流比)。

(3)主变保护差动特性分析。不同侧 TA 特性传变误差情况,差流情况分析,安全裕度可视化分析,差流安全裕度告警及分析,如安全裕度不足的原因分析:定值问题,TA 特性问题,TA 变比设置问题和其他问题等。

(4)线路差动保护特性分析,差流,两侧 TA 传变特性,传输延时分析,信号配合分析,安全裕度分析。

另外,影响互感器饱和涉及的因素众多,既包括一次电流的复杂暂态特性,如一次系统短路时的短路电流水平、非周期分量的大小及衰减时长,空合变压器时所产生的励磁涌流及和应涌流的大小、衰减速率和负荷水平,还包括电流互感器本身的特性参数,譬如电流互感器铁芯结构和材料(TPY、P、PR 型)及二次负载阻抗大小等。

故障发生时,通过故障录波数据、保护 IED 等收集到各支路和母线电流电压参数、相关零序参数、其他暂态参数、网络拓扑参数,可以计算该方式下理论故障信息,与收集到的实际故障信息进行差异性比较,分析哪些支路或者节点存在较大误差,可能的原因(如参数错误、测量错误或者其他原因等)。主要有以下 3 种方式。

方式 1:根据主接线图,考虑全网发电机、主变和母差保护。

方式 2:根据主接线图,全网所有差动一起分析。

方式 3:将网络转为线图,仅考虑线路差动保护。

对于母线节点,区外故障时,故障支路为所有非故障支路电流和,由于故障支路远大于其他支路,故障支路误差更大些,通过 KCL(基尔霍夫电流定理)关系,可以计算出差流,即不平衡电流,通过多次故障,不同点故障,可以估计故障情况下 TA 误差特性。可以采用数据拟合,或者参数方程求解等方式。

如前所述,故障元件故障时,故障相连接的其他元件均感受到了故障,由于故障在区外,故障区域或者动作时间不在动作范围内,因此不动作,但距离不动作区域多大,各保护安全域度是否相同,不动作灵敏性情况如何,可以通过故障信息进行评估和改进,增强安全裕度。对于安全裕度足够强的,可以考虑适当降低安全裕度,提高区内动作时的灵敏度。

## 二、变电站差动保护诊断分析方法

对于整个变电站而言,有多套差动保护。以一个 220 kV 变电站而言,包括 220 kV 母差保护,主变差动保护,110 kV 母差保护。如果以某条母线为节点,变压器为节点,则有 220 kV Ⅰ 母和 Ⅱ 母,两台主变差动,110 kV Ⅰ 母和 Ⅱ 母,共 6 个节点的差流,以相互之间的连接作为支路,构成变电站差动保护的图模型。节点信号为差动保护差流,支路权重为各支路故障电流,据此可以利用如前介绍的图平滑性方法 $S_2(f)$,对整个差流的总体变化进行诊断分析。

由于一个变电站的故障录波器能够方便地计算各节点差流,不存在波形同步的问题,因此该方法用于变电站的全站差流分析是合适的。

## 三、测试情况

以某 220 kV 变电站为例,在 110 kV Ⅱ 母 A 相发生故障,分别对各节点进行局部方差和总方差的计算分析,故障相 A 相结果如下。

图 3-47~图 3-52 依次为 220 kV Ⅰ 母、220 kV Ⅱ 母、3# 主变、2# 主变、110 kV Ⅰ 母、110 kV Ⅱ 母的局部 $S_1(f)$ 和 $S_2(f)$。

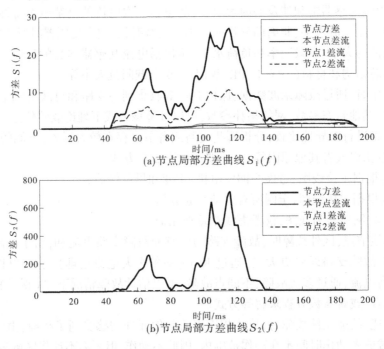

(a)节点局部方差曲线 $S_1(f)$

(b)节点局部方差曲线 $S_2(f)$

图 3-47　220 kV Ⅰ 母

由上述各节点的图平滑性分析可见,除了 110 kV 母线差流节点变化大,3# 主变差流变化梯度也很大。220 kV 母线差流较小,其中 Ⅰ 母明显大于 Ⅱ 母。事实上,由于 3# 主变合并单元异常,导致了一台差动保护跳闸。采用图信号方式,能够更好地识别差流异常,并且对差流随故障电流分布变化进行分析。

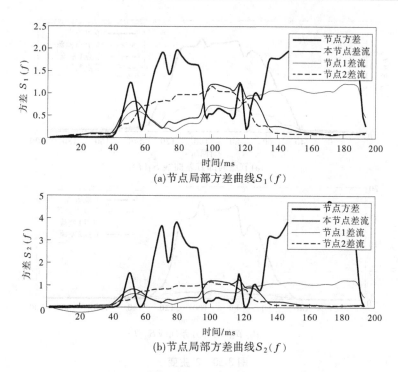

(a)节点局部方差曲线$S_1(f)$

(b)节点局部方差曲线$S_2(f)$

图 3-48　220 kV　Ⅱ母

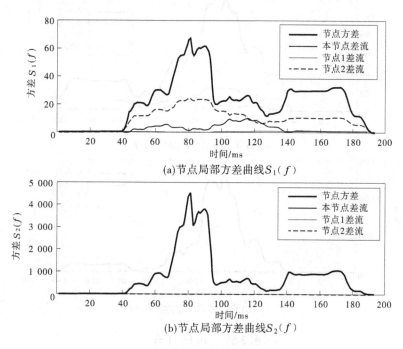

(a)节点局部方差曲线$S_1(f)$

(b)节点局部方差曲线$S_2(f)$

图 3-49　3#主变

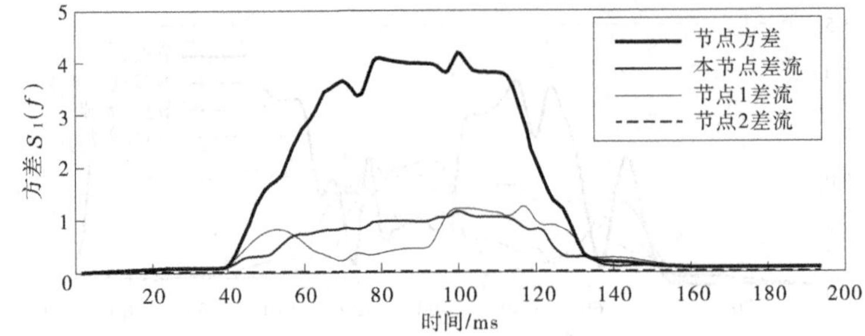


(a)节点局部方差曲线 $S_1(f)$

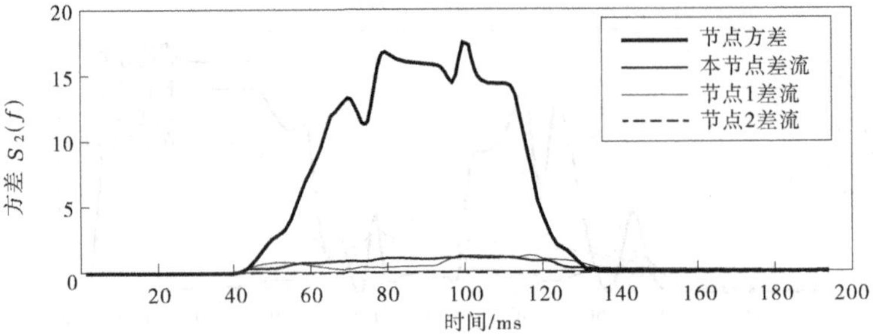


(b)节点局部方差曲线 $S_2(f)$

**图 3-50　2#主变**

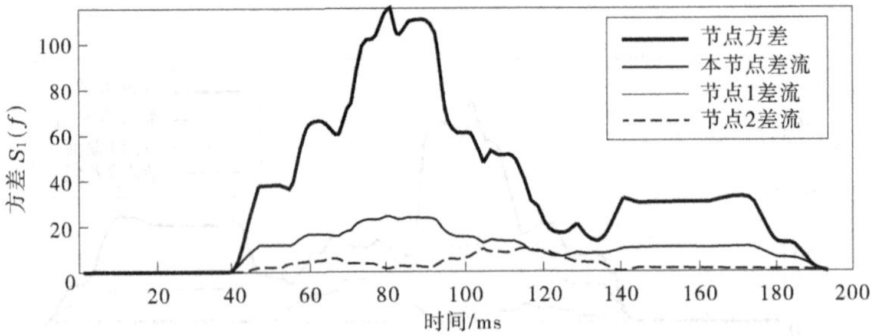


(a)节点局部方差曲线 $S_1(f)$

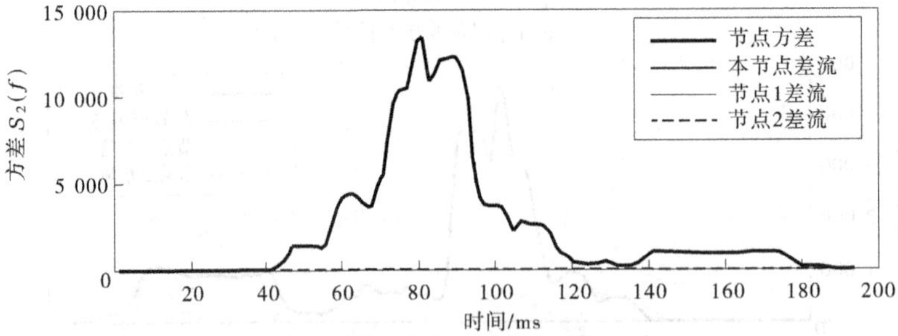


(b)节点局部方差曲线 $S_2(f)$

**图 3-51　110 kV Ⅰ母**

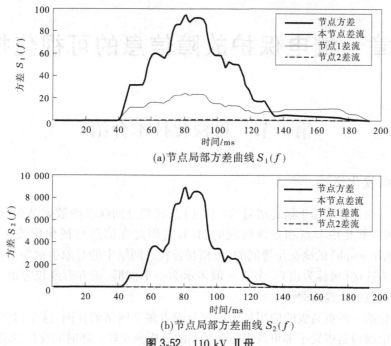

(a)节点局部方差曲线 $S_1(f)$

(b)节点局部方差曲线 $S_2(f)$

**图 3-52**　110 kV Ⅱ母

# 第四章　继电保护故障信息的可视化技术

## 第一节　可视化技术介绍

### 一、图可视化概述

网络是一种常见的用于描述诸对象(节点)及其相互间联系的数据结构模型。从数学层面讲,网络就是由节点和连线构成的图(G),因此在信息可视化相关文献中网络(network)和图(graph)的概念是等同的,可相互替代。网络中的对象表示为节点,两点间的关系表示为连接(也称为边)。节点一般表示为一个圆形、正方形或长方形,而边一般表示为连接两点的直线或曲线。

图可视化的一些更高级的应用是比较两个或者多个网络的异同,这个对于智能变电站或者智能电网包括虚端子等可以进行基于图的分析和比较。随时间变化的动态网络可视化是近年的热点,如态势感知图。另外,流图(包括信息流图)也是重点。对于故障时的网络变化数据,相关一、二次设备构成的关联网络都属于动态网络,可以利用网络图的分析手段结合实际情况进行分析。

目前,图分析在社交网络分析、网络安全分析等商业应用中很成功,对于图分析而言,主题和对象都可能是节点,连接表明关系。图更适合表达相互关系,相对于矩阵图而言,从数学上节点链接矩阵表示图的关系,包括一些图的运算和映射等。

### 二、网络可视化任务

网络可视化作为信息可视化的一个重要分支,涵盖了其涉及的所有常见任务,如检索值、筛选、计算派生值、查找极值、排序、确定属性值范围、刻画分布、发现、揭示关联、查找相邻节点、扫视浏览和集合操作等。

马里兰大学的 Plaisant 根据用户执行网络分析理解任务的需求及目的,针对网络数据结构的特性,对前述的常见任务进行组合,将网络可视化的任务归纳为 4 大类 20 小项。

#### (一)基于拓扑的任务

1. 邻接(直接连接)

这个对于 IED 需要,相对而言,一旦变电站规模定了以后,很多连接比较固定,如主变连接、母线连接、线路连接等,这个和社交网络拓扑是不同的情况。

- 查找一个节点的所有邻接节点的集合。
- 确定一个节点的邻接节点数量。
- 确定哪个节点拥有最多的邻接节点。

2. 可达(直接或间接连接)

对于智能站中有些有向图可以进行划分,如 SV 数据是单向的,GOOSE 可能是单向或者双向,根据实际采集到的信息,可以给出实际信息连接拓扑和虚端子拓扑信息的比较,对于网络发送错误信息等可以进行比较。

- 查找一个节点的所有可达节点的集合。
- 确定一个节点的可达节点数量。
- 查找距离给定节点不大于 $n$ 的可达节点集合。
- 确定距离给定节点不大于 $n$ 的可达节点数量。

3. 公共连接

- 在给定节点中,查找与其中所有节点均连接的节点集合。

4. 连通性

- 查找两个节点之间的最短路径。
- 识别聚类。
- 识别连通分量。
- 查找桥。
- 查找连接点。

**(二)基于属性(attribute)的任务**

1. 节点

- 查找具有特定属性值的节点。
- 查看给定节点集合。

2. 链接

- 给定一个节点,查找通过特定关联与之相连接的节点。
- 给定一个节点,在所有相连节点中查找具有属性极值的节点。

**(三)浏览(browsing)任务**

1. 追寻路径

- 跟踪一条给定路径。

2. 二次访问

- 重新回溯到原先访问过的节点。

**(四)概览(ervtew)任务**

- 快速获得关于网络的一些概要信息。

除上述常见任务外,网络可视化过程中还可能遇到其他一些高级任务,如比较两个网络的异同点、网络随时间的变化情况(这个对于智能站 IED 恰恰很重要)等。但这些任务并不常见,且它们都可进一步分解为前述若干个任务的组合和重复。

## 三、图可视化的布局

### (一)图可视化的布局原则

- 边交叉数量最小原则。为能清晰地展现网络结构,绘图时应尽量减少相互交叉边的数量。

● 邻接点空间位置接近原则。将相连接的节点尽量配置在相近的位置上,以减小边的长度。

　● 直线边原则。网络中的边尽量使用直线,避免曲边。

　● 边平衡布局原则。相同节点的多条边尽量以该节点为中心平衡布局。

　● 节点层次布局原则。引入层的概念,将节点尽量布局在水平或竖直的不同层上。这个对于 IED 很重要,尤其在涉及多个电压等级时。

　● 规律性。是指在整个绘图过程中布局节点的参考原则应该始终保持一致。

　● 可溯性。是指网络边应该能够形成网络中的路径(尽量将边相连)。

Sindre 等也提出了一组美学标准[9],其新增标准包括:

　● 区域最小原则。绘制网络图应尽量节省屏幕空间。

　● 高度节点居中原则。高度节点应布局在绘图中心——母线 IED。

　● 节点密度均匀原则。尽量使每一个单位区域的布局节点数量相等。

　● 凸多边形原则。尽量使相接边形成的多边形为凸多边形——变压器 IED。

Sindre 还提到了其他的标准,但这部分标准要么只是针对某一类网络图(如层次结构图中的垂直性原则),要么是 Sugiyam 标准的相似阐述(如最长边尽可能短原则就是邻接点空间位置接近原则的另一种说法),在此不再赘述。

**(二) 常见的图可视化布局方式**

1. 力导算法布局

力导算法布局是在社交网络中采用的非常多的一种算法,它模拟弹簧或者节点之间引力和排斥力的变化过程,其布局效果在许多网络中应用效果较好。

力导算法非常适合于智能变电站,由于其 IED 虚端子连接关系和主接线图关系很大,因此其布局特点非常明确,这和实际的随机社交网络不同,因此完全可以考虑利用特点优化力导布局,如布置母线 IED、主变 IED,部分 IED 采用圆形或者环形考虑。也就是局部力导算法布局和其他方式应用。

对于 3/2 接线和内桥接线也需要分析和研究。

图 4-1 为一个全站虚端子的力导算法布局,可以看出整体按照 220 kV A 套、B 套、110 kV 部分构成。

2. 圆形布局

圆形布局适合一个根节点多个连接的情形,对于母线和主变特别适合,因此在局部可以考虑,形成多个圆形区域互联的情形。对于 SCD 全站虚端子,采用圆形布局如图 4-2 所示。

圆形布局可以较好地展现层次布局,如果显示效果不理想,则可以采用圆形和力导算法布局结合的方式,或者采用双圆形布局方式。

图 4-3 中将部分 IED 放置于外围,从而能够更好地揭示内圆与外圆的连接关系。

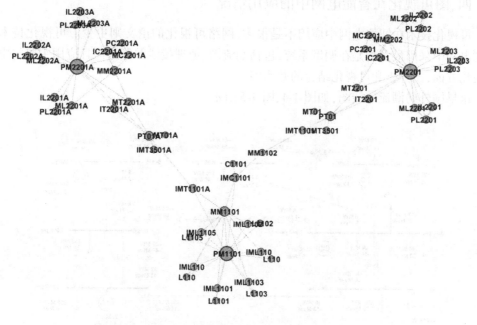

图 4-1　全站虚端子的力导算法布局

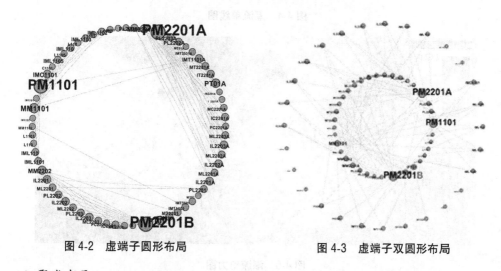

图 4-2　虚端子圆形布局　　　　　　　图 4-3　虚端子双圆形布局

## 3. 聚类布局

聚类布局包括单层聚类和多层聚类,对于智能站可以考虑层次化聚类,如过程层、间隔层、站控层按照合并单元、智能终端、保护测控、线路变压器母线等分别聚类。

根据节点连接结构生成聚类,进而抽取网络的层次结构,将同层节点排在同一平面,节点在下一层,叶子在上一层,聚类的节点再上一层。聚类布局有助于帮助用户发现网络结构中存在的关联关系、模式信息或者聚类隐含的信息,一般多与布局相结合使用。其聚类很可能和物理的分层不同,更多是结构层次分层,挖掘模式信息,可以尝试使用,尤其在动态信息中聚类有用。

## 四、图可视化在智能电网中的应用情况

可视化技术在智能电网中应用不是很多,网络可视化的论文则更少。可视化技术在智能电网中采用最多的是在调度系统,包括潮流图、地理接线图等。而且应用主要集中在可视化方面,图分析和可视化结合的并不多。

最早国外的潮流单线图,如图4-4、图4-5所示。

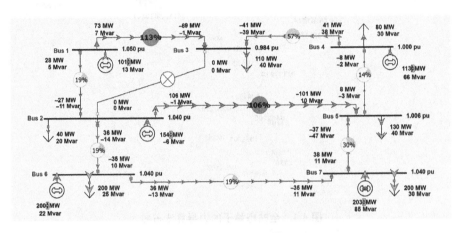

图 4-4　潮流单线图

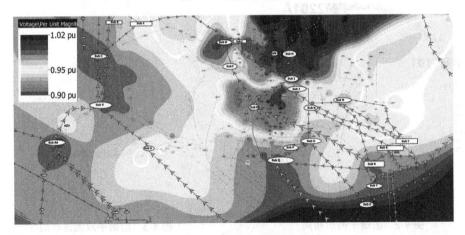

图 4-5　潮流电力图

图4-6、图4-7显示的是不同机组的频率变化曲线,基于简化标签的可视化技术。

目前,图分析和应用主要在输电和配电网络,比较流行的是利用态势感知图进行图分析和可视化,尤其在配网的分析中。图4-8为基于力导图的态势感知图。类似的图可以借鉴应用于智能变电站二次 IED 的态势感知、智能站通信网络的态势感知、自动化系统态势感知。

图分析和可视化对于智能电网中需要探索节点(对象)及连接(对象间的关系)的场合是很有效的,并且可以很好地和数据挖掘及分析结合起来,但在这方面目前的研究不

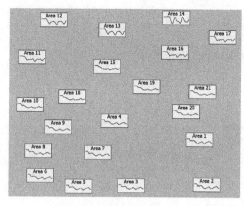

图4-6　频率变化图　　　　图4-7　频率变化标签图

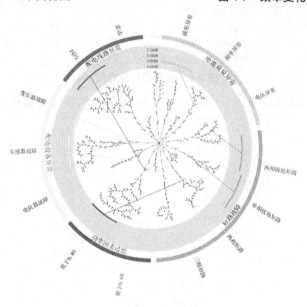

图4-8　配网动态感知图

多。可视化的主要目标是更直观地将所关注的信息展示出来,而图分析和可视化的目标是通过图布局技术、图分析计算、图过滤技术、图查询及交互技术进行网络的特征分析、网络异常分析等。

　　目前,智能电网中图分析和可视化主要集中于输电网和配电网、调度自动化系统潮流等可视化,对于二次系统的图分析及可视化还未见到相关文献,结合数据挖掘、故障诊断、人工智能分析等技术的图分析和可视化技术是一种值得研究的课题。

# 第二节　故障信息的基本可视化方法

## 一、基于力导算法的可视化

基于力导算法的故障信息可视化,适用于节点支路连接的网络,尤其适合网络故障的故障电流和电压分布的可视化。

（1）故障分布基本力导图。

如图4-9所示为采用力导基本布局的网络示意图，权重为1。

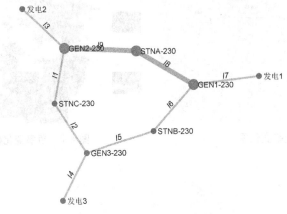

图4-9　启动元件分布图

图4-10中用不同颜色描述节点信号的大小，用节点尺寸大小也可以反映。

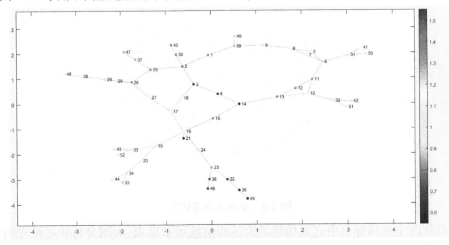

图4-10　不同颜色描述的电流分布图

（2）考虑节点电压的力导三维可视化图见图4-11。

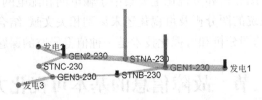

图4-11　A相故障电流和中心性分布

此种方式以力导图为基础，节点信号为节点电压，支路的线条粗细表示故障电流的大小。但力导布局时权重为1。

（3）考虑支路权重的力导图。

由图 4-12 可以看出，节点 I8 和 I9 为主要故障节点，由于力导和支路权重有关，因此和故障节点相关的其余节点被推开，从而更容易揭示故障中心。

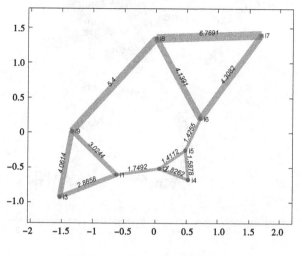

图 4-12　考虑支路权重的力导图

图 4-13 更加明显，可见故障中心节点为 L1 节点，且相应地形成了一定的故障层次。

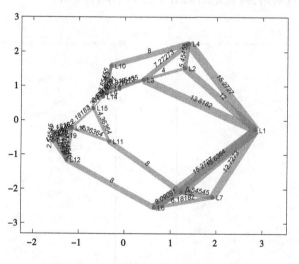

图 4-13　支路权重变化明显的力导图

某零序网络基于权重的力导图如图 4-14 所示。

## 二、层次可视化

由于故障时故障已从故障中心向外进行波及，且往往故障功率会从故障支路到非故障支路，因此采用层次可视化方式更具有优势。以下展示 39 节点在不同支路故障时层次可视化效果。

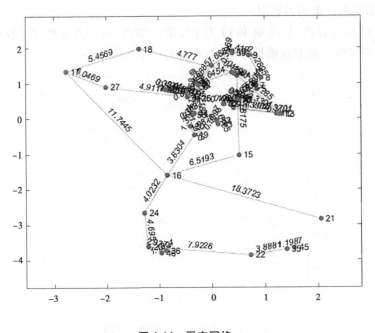

图 4-14　零序网络

（1）K7~K8 节点短路，可视化图如图 4-15~图 4-17 所示。

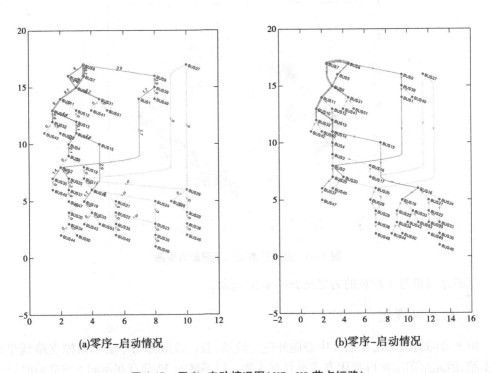

(a)零序–启动情况　　　　　　　　　(b)零序–启动情况

图 4-15　零序–启动情况图（K7~K8 节点短路）

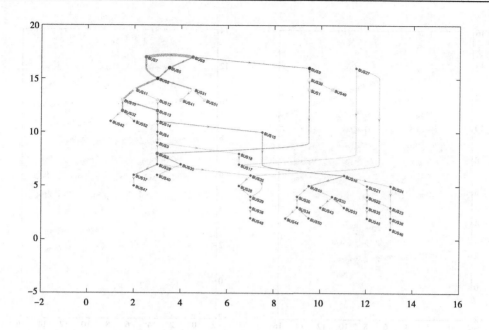

图 4-16 零序原始网络(K7~K8 节点短路)

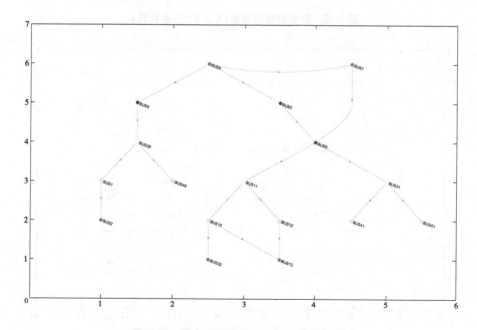

图 4-17 零序五层网络(K7~K8 节点短路)

(2)K3~K4 节点短路,可视化效果如图 4-18~图 4-20 所示。

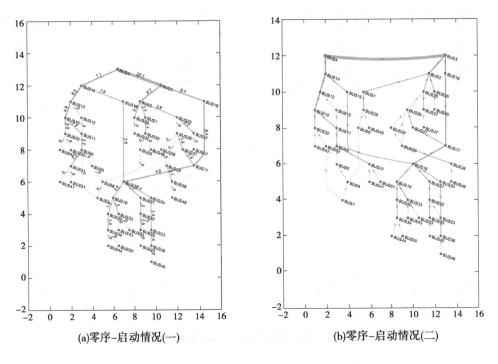

(a)零序-启动情况(一)　　　　　　　　(b)零序-启动情况(二)

图 4-18　零序启动情况图(K3~K4 节点短路)

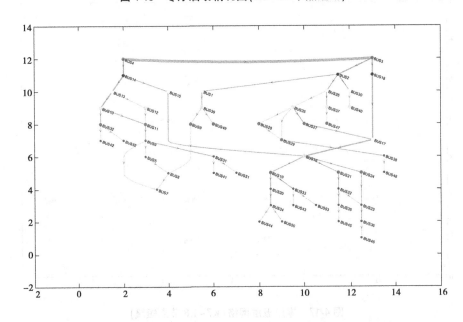

图 4-19　零序原始网络(K3~K4 节点短路)

(3)K16~K21 节点短路,可视化效果如图 4-21~图 4-23 所示。

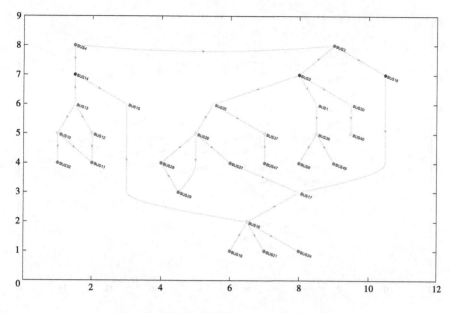

图 4-20　零序五层网络(K3~K4 节点短路)

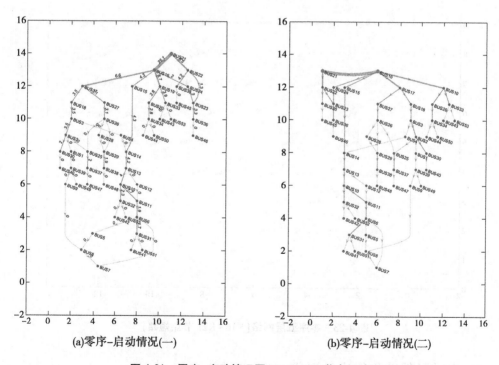

(a)零序-启动情况(一)　　　　　　　　(b)零序-启动情况(二)

图 4-21　零序-启动情况图(K16~K21 节点短路)

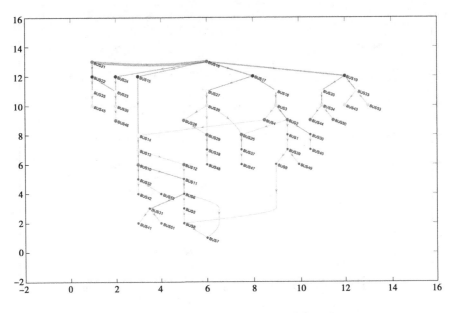

图 4-22 零序原始网络(K16~K21 节点短路)

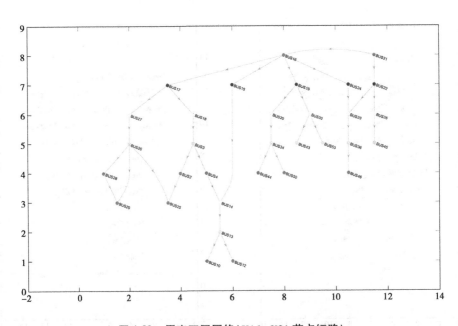

图 4-23 零序五层网络(K16~K21 节点短路)

## 三、启动元件动作行为可视化

以下用可视化软件 Gephi 对某电网启动元件进行动作行为可视化测试。

(1)节点表(见表 4-1)。

表 4-1　节点表

| ID | 标签 | 节点类型 | 权重 |
|---|---|---|---|
| 1 | 1 | 变电站 | 1.7 |
| 2 | 2 | 变电站 | 2.33 |
| 3 | 3 | 变电站 | 1 |
| 4 | 4 | 变电站 | 1 |
| 5 | 5 | 变电站 | 1.3 |
| 6 | 6 | 变电站 | 1.35 |
| 7 | 7 | 变电站 | 1.6 |
| G1 | G1 | 电厂 | 1.51 |
| G2 | G2 | 电厂 | 1.37 |
| G4 | G4 | 电厂 | 0.77 |
| G6 | G6 | 电厂 | 1.25 |
| G7 | G7 | 电厂 | 2.43 |
| P12 | P12 | 保护 | 2.6 |
| P13 | P13 | 保护 | 1.07 |
| P1G | P1G | 保护 | 1.51 |
| P21 | P21 | 保护 | 4.73 |
| P23 | P23 | 保护 | 0.02 |
| P24 | P24 | 保护 | 0.15 |
| P25 | P25 | 保护 | 1.12 |
| P26 | P26 | 保护 | 2.1 |
| P2G | P2G | 保护 | 1.37 |
| P31 | P31 | 保护 | 1.07 |
| P32 | P32 | 保护 | 0.02 |
| P34 | P34 | 保护 | 1.05 |
| P42 | P42 | 保护 | 0.15 |
| P43 | P43 | 保护 | 1.05 |
| P45 | P45 | 保护 | 0.4 |
| P4G | P4G | 保护 | 0.77 |
| P52 | P52 | 保护 | 1.12 |
| P54 | P54 | 保护 | 0.4 |
| P57 | P57 | 保护 | 1.57 |
| P62 | P62 | 保护 | 2.1 |
| P67 | P67 | 保护 | 0.8 |
| P6G | P6G | 保护 | 1.25 |
| P75 | P75 | 保护 | 1.57 |
| P76 | P76 | 保护 | 0.8 |
| P7G | P7G | 保护 | 2.43 |

（2）支路表（见表4-2）。

表4-2　支路表

| ID | 标签 | 源节点 | 目标节点 | 类型 | 权重 |
|----|------|--------|----------|------|------|
| 1 | 1 | P12 | P21 | 线路 | 1 |
| 2 | 2 | P13 | P31 | 线路 | 1 |
| 3 | 3 | P23 | P32 | 线路 | 1 |
| 4 | 4 | P24 | P42 | 线路 | 1 |
| 5 | 5 | P25 | P52 | 线路 | 1 |
| 6 | 6 | P26 | P62 | 线路 | 1 |
| 7 | 7 | P34 | P43 | 线路 | 1 |
| 8 | 8 | P45 | P54 | 线路 | 1 |
| 9 | 9 | P75 | P57 | 线路 | 1 |
| 10 | 10 | P67 | P76 | 线路 | 1 |
| 11 | 11 | G1 | P1G | 发电机 | 1 |
| 12 | 12 | G2 | P2G | 发电机 | 1 |
| 13 | 13 | G4 | P4G | 发电机 | 1 |
| 14 | 14 | G6 | P6G | 发电机 | 1 |
| 15 | 15 | G7 | P7G | 发电机 | 1 |
| 16 | 16 | P12 | 1 | 保护支路 | 1 |
| 17 | 17 | P13 | 1 | 保护支路 | 1 |
| 18 | 18 | P1G | 1 | | |
| 19 | 19 | P1G | G1 | 保护支路 | 1 |
| 20 | 20 | P21 | 2 | 保护支路 | 1 |
| 21 | 21 | P23 | 2 | 保护支路 | 1 |
| 22 | 22 | P24 | 2 | 保护支路 | 1 |
| 23 | 23 | P25 | 2 | 保护支路 | 1 |
| 24 | 24 | P26 | 2 | 保护支路 | 1 |
| 25 | 25 | P2G | 2 | 保护支路 | 1 |
| 26 | 26 | P2G | G2 | | |
| 27 | 27 | P31 | 3 | 保护支路 | 1 |
| 28 | 28 | P32 | 3 | 保护支路 | 1 |
| 29 | 29 | P34 | 3 | 保护支路 | 1 |
| 30 | 30 | P42 | 4 | 保护支路 | 1 |

续表 4-2

| ID | 标签 | 源节点 | 目标节点 | 类型 | 权重 |
|----|------|--------|----------|------|------|
| 31 | 31 | P43 | 4 | 保护支路 | 1 |
| 32 | 32 | P45 | 4 | 保护支路 | 1 |
| 33 | 33 | P4G | 4 | | |
| 34 | 34 | P4G | G4 | 保护支路 | 1 |
| 35 | 35 | P52 | 5 | 保护支路 | 1 |
| 36 | 36 | P54 | 5 | 保护支路 | 1 |
| 37 | 37 | P57 | 5 | 保护支路 | 1 |
| 38 | 38 | P62 | 6 | 保护支路 | 1 |
| 39 | 39 | P67 | 6 | 保护支路 | 1 |
| 40 | 40 | P6G | 6 | | |
| 41 | 41 | P6G | G6 | 保护支路 | 1 |
| 42 | 42 | P75 | 7 | 保护支路 | 1 |
| 43 | 43 | P76 | 7 | 保护支路 | 1 |
| 44 | 44 | P7G | G7 | 保护支路 | 1 |
| 45 | 45 | P7G | 7 | 保护支路 | 2 |

（3）基于主接线模式的可视化模式（力导模式布局、Gephi 自动生成），如图 4-24、图 4-25 所示。

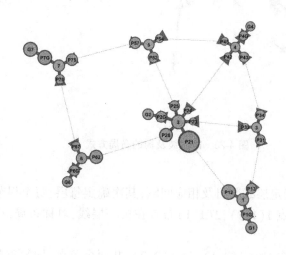

**图 4-24　力导布局 1**

注：图中厂站点值为启动元件的平均灵敏度，各支路的差异体现了各支路对于总故障

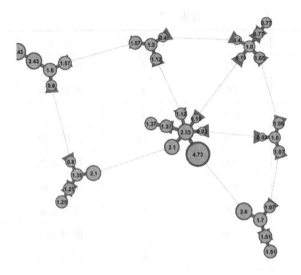

图 4-25　力导布局 2

电流的分流作用,即各支路分布系数的差异。为体现线路电流和启动电流的关系,线路权重显示时也可以考虑灵敏度的大小以粗细体现。

(4)基于故障波及树图的可视化模式见图 4-26。

算法同前面的故障生成树。如果进行态势可视化,可以考虑按照灵敏度线重新层次布局,也可以考虑采用自动布局算法。两种模式如图 4-27 所示。

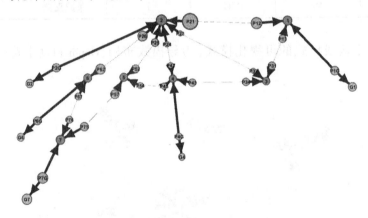

图 4-26　故障波及树的布局方式

算法 1:

①首先判断层次,确定层级数目及相应间隔,其次确定每层、每个根节点所属层的节点数目。对第一层的节点 1(1,1)、2(1,1)布置在第一层线,对称布局,小标表示第几层的第几个节点。

②第二层 1 节点包含 G1=1(2,1)、3=1(2,2),共两个节点,均匀布置在本层左侧;2节点包含节点 4=2(2,1)、5=2(2,2)、6、7、G2 共 5 个节点,均匀分布在本层右侧。各节点布局顺序判断,首先判断根节点 1、2 所属子节点是否相连,布局在相邻的区域,因此将

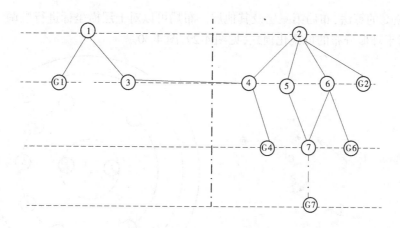

**图 4-27 态势感知布局方式 1**

3、4 节点布局在下方。如果还有其他相连的,布局在尽量靠近的区域。其次考虑本根节点所属节点有相连的,连接在一起。连接线考虑采用适当的弧线,以两点坐标为弦。

③按照以上算法,布局第三层及其他层。图 4-28 为另一点短路布局的示意图。

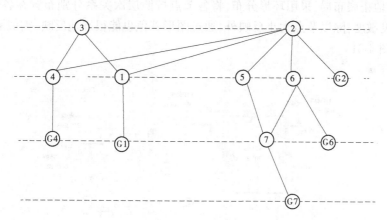

**图 4-28 态势感知布局方式 2**

算法 2:各层节点布局按照力导算法。

①首先判断层次,确定层级数目及相应间隔,其次确定每层、每个根节点所属层的节点数目。对第一层的节点 1(1,1)、2(1,1)布置在第一层线,对称布局,小标表示第几层的第几个节点。

②第二层 1 节点包含 G1=1(2,1),3=1(2,2),共两个节点,布置在本层左侧;2 节点包含节点 4=2(2,1)、5=2(2,2)、6、7、G2,共 5 个节点,分布在本层右侧。各节点布局顺序判断,首先判断根节点 1、2 所属子节点是否相连,布局在相邻的区域,各点纵坐标固定,横坐标考虑力导算法自动布局。如果还有其他相连,布局在尽量靠近的区域。其次考虑本根节点所属节点有相连的,连接在一起。连接线考虑采用适当的弧线,以两点坐标为弦。

③按照②的算法,布局第三层及其他层。布局可以对上层横坐标进行微调。

(5)基于环形分布的可视化模式,见图4-29、图4-30。

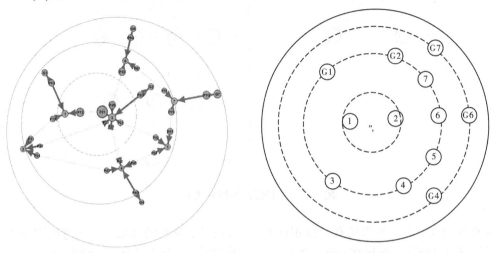

图 4-29　环形布局方式 1　　　　　　　图 4-30　环形布局方式 2

为更好地拓展布局,采用环形分布,将各节点按照层次关系分别布置在各层级上,另外,节点的灵敏度,除以节点大小反映外,通过图形着色也能很好地反映,类似潮流电压区域着色(见图4-31)。

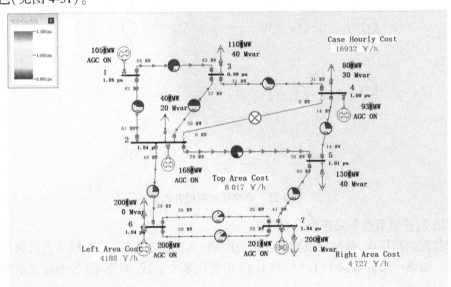

图 4-31　电网潮流着色图

可以考虑以下两种算法:

算法 1:

①首先判断层次,确定圆环数目及相应间隔;其次确定每层、每个根节点所属层的节点数目。对第一层的节点1(1,1)、2(1,1)布置在第一个圆上,对称布局,小标表示第几

层的第几个节点。

②第二层 1 节点包含 G1 = 1(2,1)、3 = 1(2,2),共 2 个节点,间隔角度 180°/(2+1) = 60°;2 节点包含节点 4 = 2(2,1)、5 = 2(2,2)、6、7、G2 共 5 个节点,间隔角度 180°/(5+1) = 30°。各节点布局顺序判断,首先判断根节点 1、2 所属子节点是否相连,布局在相邻的区域。因此将 3、4 节点布局在下方。如果还有其他相连,布局在尽量靠近的区域。其次考虑本根节点所属节点有相连的,连接在一起。

③按照 2 的算法,布局第三层及其他层。图 4-32 为另一个布局的示意图。

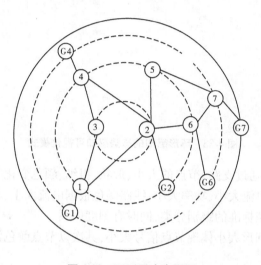

**图 4-32　环形层次布局图**

算法 2:基于圆环层次的力导布局。

①首先判断层次,确定圆环数目及相应间隔;其次确定每层、每个根节点所属层的节点数目。对第一层的节点 1(1,1)、2(1,1)布置在第一个圆上,对称布局,小标表示第几层的第几个节点。

②第二层 1 节点包含 G1 = 1(2,1)、3 = 1(2,2),共 2 个节点;2 节点包含节点 4 = 2(2,1)、5 = 2(2,2)、6、7、G2,共 5 个节点。各节点布局顺序通过力导算法自动布局,布局的半径为固定值,其中 1 节点固定在左侧 180°范围,2 节点固定在右侧 180°范围。各层顺序(角度)由力导算法确定。

③按照以上算法,布局第三层及其他层,可以根据力导算法调整前面一层的布局。

(6)环形感知的态势感知可视化模式,见图 4-33。

对于启动元件按照动作灵敏度大小环形布置,这样灵敏度不配合及不满足的节点将显示出来,比如图 4-33 中有三对本身处于 2 层的保护灵敏度很低,同时有原本属于 2 层和 3 层的保护由于灵敏度很高,反而进入到 1 层,出现不配合的情况。

算法:原理同环形布局算法,可以在环形布局算法基础上,根据灵敏度值,调整半径 $r = 1/lm$;角度不变。如果调整后有两个点的坐标重叠,可以在 $r$ 不变的情况下,分别将这两个点角度微调,刚好相切即可。

(7)其他态势感知可视化。

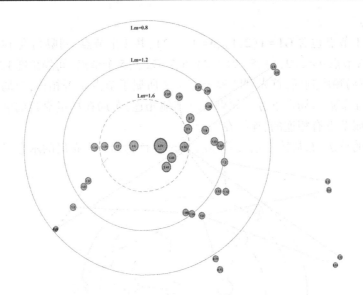

图 4-33　环形感知的态势感知可视化模式

　　①根据故障特征,通过支路、节点的大小、形状、粗细、颜色变化等体现故障量及分布。

　　②线路粗细考虑电流大小、功率大小;线路颜色根据电流大小、功率大小深浅体现;大小和颜色变化可以参照标准的级别分类,同时有刻度体系。

　　③节点可以通过圆形大小体现节点信号大小,其次以节点颜色深浅体现浓度变化,同时有刻度体系。

　　④背景着色,通过节点和支路附近的颜色变化,类似热点图体现故障异常的变化。

　　⑤故障波及网络层次感知可视化。

　　根据层次关系、布局,以中心线为灵敏度,各层节点按照感知灵敏度大小对中间等势面排列,从而在本配合层次能够得到本层对故障的感受量变化,通过与上层节点灵敏度的偏移能够得到变化大小,如图 4-34 所示;通过与下层的偏移角,能够得到灵敏度变化,如果达到一定角度将出现不匹配情况。

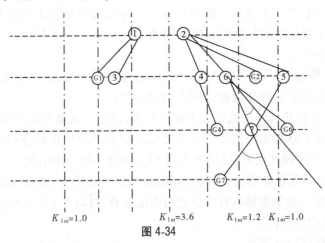

图 4-34

单相接地,网络不同地点零序启动元件和突变量启动及负序有一定差异性,导致不同地方故障相邻保护启动不同。重点考虑前三层的情况。

# 第三节　故障信息的态势感知可视化方法

本节主要介绍故障信息的态势感知可视化方法,包括 SCD 层次可视化、故障信息坐标法、差动动态可视化方法。

## 一、SCD 全站层次可视化介绍

### (一)全站可视化目的及作用

全站信息流可视化展示:SV 信息流(电压、电流),GOOSE 信息流(开关量信号、跳合闸信号、联闭锁信号、测控信号、异常告警信号等,可以有效分类展示)。无论是培训还是使用,能够直观地查看所需要的信息。

全站 IED 间拓扑关联关系可视化展示:全站的 IED 如果采用类似 Gephi 的自动可视化图形,可分解出三角形结构、四边形结构、星形结构等,对于展示和分析不同接线方式的 IED 拓扑连接有很好的培训效果和实用效果。拓扑展示可考虑的方式有间隔方式、子模块方式、电压等级方式、聚类分析模式等,从不同角度进行展示和分析。

全站通信可视化展示:按照 IP 分段、交换机模式,详细地可考虑交换机层次,光纤配线架及光口的详细光路物理连接过程。

双重化配置的对比展示和分析:对于 220 kV 及以上电压等级的网络,其保护、合并单元和智能终端及网络等均双重化配置,理论上按照 SCD 生成的 A 套和 B 套总体应该相同但会有一些差异,从图中一方面可以看出差异,另一方面可以看出二者之间是否相对独立(按照要求两套之间应无连接),其次两套之间数据连接包括其拓扑和虚端子连接结构及信息也应非常类似,可通过图形和数据分析判断是否有错误。

不同的智能站全站可视化对比分析:可对不同的电压等级(如 110 kV、220 kV 和 500 kV)智能站之间进行对比分析,如果同为 220 kV,全站可视化拓扑结构、信息流结构(SV 和 GOOSE)、信息流内容等应该差别不大,通过对比展示可揭示不同站的差异,包括设计的差异、内容的差异等提供给使用人员,通过数据分析和挖掘还可以判断是否正确。分析 110 kV 和 220 kV 不同接线的全站可视化差异,这主要用于使用人员了解不同主接线的差异。

不同厂家之间的 IED 及连接对比可视化展示及分析:对于同一个厂家可进行不同地区、不同阶段的同种类型 IED 可视化对比,包括 IED 层次结构、信息内容、控制块等;不同厂家可进行同种类型 IED,如线路保护的 IED 结构、信息可视化比较。同时可进行标准化六统一的可视化对比。

基于全站可视化的一次主接线图自动生成展示及分析:由于 SCD 包含的虚端子连接关系与一次主设备之间有很强的关联关系,包括拓扑结构和信息流的文本基本是对应的(具体可以进行分析研究差异性),目前的可视化系统都是手动配置一次 SSD 文件或者手动配置间隔然后显示间隔的各 IED,基于全站 SCD 的信息可以自动生成对应的主接线图,如双母线、内桥、一个半断路器等,这样在后续可视化分析时相关的展示自动和一次进行关联,其次可以通过自动生成的一次接线图和实际的进行可视化对比,如果有差异往往是 SCD 软件连接的错误,这种错误是一般 SCD 解析对比软件所无法发现的错误。

利用 Gephi 可视化软件进行全局布局分析和图分析:

对于 SCD 全站可视化的总体布局,首先用 Gephi 软件进行分析和研究,研究其总体布局,尤其不同主接线的布局形式、特点,划分不同类型的子图,其次进行有关图数据的分析(如接点度、集合度、路径长度分析等),为软件实现全局可视化进行基础分析。节点、支路表如表 4-3、表 4-4 所示。

表 4-3　节点表

| 编号 | 标签(IED 名) | 缺省 | IED 描述 | IED 类型 | 电压等级 |
| --- | --- | --- | --- | --- | --- |
| ID | label | timeset | desc | type | degree |
| 0 | pzb1a | | 主变保护 | 保护 | 220 kV |
| 1 | pmx220a | | | 合并单元 | 110 kV |

表 4-4　支路表

| 源节点 ID | 目的节点 ID | 方向 | 边编号 | 支路名 | 缺省 | 权重 | 信息类型 | 信号类型 |
| --- | --- | --- | --- | --- | --- | --- | --- | --- |
| Source | Target | Type | ID | label | timeset | weight | Mtype | Stype |
| 0 | 1 | Directed | 0 | ds1−ds2−5 | | 2 | M1 | 跳闸 |
| 1 | 2 | Directed | 1 | m1−m2−5 | | 1 | G1 | 电压电流 |
| 2 | 0 | Directed | 2 | input−ds1−5 | | 1 | | |

注:支路名:采用源节点控制块名+目的节点控制块名+虚端子数量。权重:log(虚端子数量×10)。

## (二)SCD 数据分析统计与挖掘

SCD 信息分类处理及统计:对连接信息进行分类,以便可以进行分类的可视化显示、统计和分析,如按电压、电流、跳闸信号、失灵信号等。分类方式一种是根据培训和现场实际需要手动提供,其次是采用文本分析技术,通过自动分类、关键字提取、关键特征提取、分类组合等不同方式对信息进行分类统计,为后续可视化和分析及数据挖掘做准备。

IED 自身分析:对于 IED 的分析及 IED 类别按照所包含的控制进行分类,实现分类显示。可进一步分析,首先是聚类分析,根据 IED 本身包含的控制块名称、个数、信息的内容、连接的拓扑关系等自动进行分类,识别出合并单元(线路、变压器、母线单元)、智能终端(线路、变压器、母线智能终端)、保护(线路、变压器、母线、电抗器、电容器、断路器)等。其次是不同 IED 类型节点的分析和比较(node),不同 IED 包含的逻辑节点有差异,但通过分类识别等技术,结合继电保护配置,可以整理出某个保护 IED 所具备的保护功能,对于后续高级的保护动作逻辑行为管理分析(投运检验和测试及事故后分析)、整定配合分析(在线和离线分析)打下基础。

间隔统计与分析:这部分主要进行 IED 典型组合结构分析,通过 SCD 自动分析出较完整的一些典型组合,其次进行典型间隔间联系分析。

网络虚连接分析:SCD 的虚端子从全站角度来看是一个以 IED 为节点、各 IED 为边的图,各 IED 里面又有控制块(子节点),内部是层次树形关系,外部是网络图的结构,因此一些图的分析特征在虚端子网络中的分析及应用:如每个 IED 的节点度数(连接数目)、密集度、IED 间连接通路、信息流平均长度、最大长度、信息流密度(如果考虑传输数据量的话)等。同时可以研究具体的一些实际应用,如跳闸的关联数目、跳闸信号传输路径长度和层级等。

数据挖掘:对于 SCD 可视化的数据挖掘除前述的聚类分析外,关联分析和奇异点检测也是可以考虑的方向。

关联分析:对于保护 IED 进行的关联分析包括连接的 IED 数目及类型分析,其包含的逻辑节点关联关系,虚端子关联的逻辑关系,其中是否可以根据 IED 中包含的逻辑节点得到保护配置表(同时结合保护基本定值、控制字、压板等进行关联分析,如果在线应用可通过 MMS 读取相关信息),具体需要研究形成配置表的可行性、格式及应用方法等问题。其次,进行关联分析在对某个 IED 进行试验时,应该有哪些信息上送、哪些 IED 联动、联动信息关联关系,这样对于进行智能变电站的智能测试检测、智能验收、智能故障缺陷检测和分析可以提供技术支撑(简单的方法是是建立保护逻辑库及关联逻辑库等,高级的方法是结合大数据分析方法或者采用人工智能方法进行分析)。

在进行关联分析中,对于 SCD 进行对象化处理有利于进行全站可视化分析和管理分析挖掘,逻辑节点的关联模型是保护模型的对象化及需要考虑的问题。

## 二、改进的智能变电站虚端子力导算法

智能变电站信息通过大量的 IED 完成采集、监视、控制、保护等任务。这些 IED 设备众多,相互间都有信息联系,智能变电站 SCD 文件描述了智能变电站所有 IED 的实例配置和通信参数信息、IED 之间的联系信息(虚端子连接信息),根据 IED 之间的虚端子连接,可构成虚端子连接网络;IED 之间通过光纤连接构成物理连接信息网络,相关物理光纤及交换机的连接关系可通过设计图得到,并进行可视化[1];另外,IED 在运行过程中,无论正常运行还是故障时,相互之间的通信信息构成在线网络信息关系图[2]。分析和研究以上三种信息网络具有很好的应用价值。

智能站 IED 信息可视化中应用最多的是对虚端子连接关系的可视化,目前已经有许多虚端子可视化工具显示虚端子的连接关系,但更多基于单个 IED 的虚端子连接可视化,典型布局如图 4-35 所示,局部间隔 IED 的布局[3-4]如图 4-36 所示。在这两种可视化布局的基础上,可进行二次安全措施可视化、二次设备在线监测可视化等[5-6],展示异常信号等监视信息。

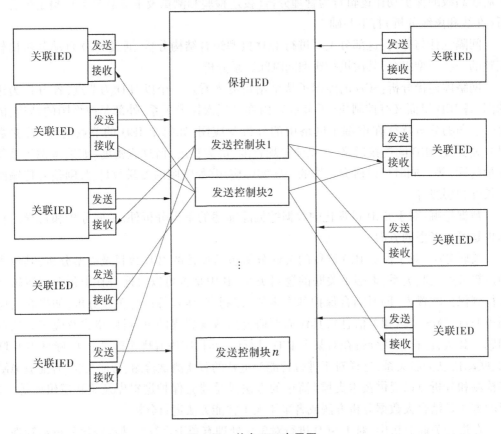

图 4-35　单个 IED 布局图

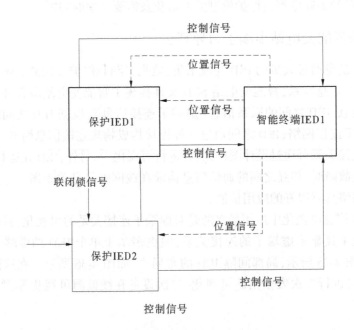

图 4-36　局部间隔 IED 布局图

网络图的自动布局可视化研究在电力系统中已经有广泛的应用[7]，但主要集中在变电站各种接线图的自动化布局[8-10]、输电网的各种接线图布局[11-13]、配电网络图的可视化布局[14]。用于智能变电站的 IED 之间信息流连接的图可视化布局和图分析技术研究目前开展很少。

网络可视化技术作为一类重要的信息可视化技术，充分利用人类视觉感知系统，网络数据以图形化方式展示出来，快速直观地解释及概览网络结构数据，一方面可以辅助用户认识网络的内部结构，另一方面有助于挖掘隐藏在网络内部的有价值信息[14]。但目前智能变电站二次 IED 在线监测系统的可视化主要侧重于 IED 的监测信息显示，对于通过网络图布局揭示相关的连接特征考虑得还不足，智能变电站 IED 之间的连接信息可视化手段难以展示 IED 之间的连接关系的特征，还不能揭示网络的节点特征和节点之间的连接关系特征，比如不能从布局图直接分析出整个 IED 连接网络图是稀疏还是稠密、哪些 IED 连接数目多、哪些 IED 连接聚成一个网络群、双重化的 IED 之间是否有连接等，不同类型 IED 间的连接层次关系等。

网络可视化作为信息可视化的一个重要分支，涵盖了其涉及的所有常见任务，如检索值、筛选、计算派生值、查找极值、排序、确定属性值范围、刻画分布、发现、揭示关联、查找相邻节点、扫视浏览和集合操作等[14]。在可视化布局的基础上，通过网络图的图过滤、排序、查找、图计算、可视化交互可以进一步进行智能站虚端子网络、光纤物理网络等不同 IED 设备连接关系、连接特点、可视化交互等高级应用。

**（一）智能变电站信息连接图的建模**

对智能变电站信息连接图进行可视化、自动化布局之前，首先需要根据研究的 IED 间的连接关系进行网络连接图建模。建模主要考虑节点有关的属性信息及节点之间的连接信息，这些信息对于后续进行图过滤、图分析、图交互挖掘有很大的影响，以简单的智能变电站 IED 间的虚端子连接网络为例，其基本方法和步骤如下。

1. IED 节点属性信息

IED 节点属性很多，在 SCD 文件中，包括了基本的名字、属性、厂家、版本等信息，在可视化自动布局时，为了更好地对 IED 的节点进行可视化和自动布局控制，还需要考虑加入其他属性信息。

首先，可按照节点 IED 名字前缀设置 IED 设备类型：保护、测控、合并单元、智能终端及其他类型。其次，可按照电压等级设置属性：110 kV、220 kV、10 kV、主变节点等。此外，有关的计算数据也可以作为节点属性，如 IED 节点度数（IED 连接数目）、出入度等。

上述 IED 节点属性的设置可根据需求，采用不同 IED 节点的颜色、外观、大小等自动进行设置，并能更好地分析不同属性 IED 的分布和自身特性。当然在自动化布局中也可以根据不同的节点类型进行控制，如固定一些特殊节点，调整不同类型节点的权重等。

2. IED 连接属性信息

（1）IED 之间的相互虚连接即构成网络图的边，由于 IED 的虚连接包括输入和输出，有些是单向连接，如合并单元到保护，有些是双向连接，如保护和智能终端间的连接，因此这个图是一个有向图，需要考虑连接方向（direct）属性。

(2)连接的基本类型可按照信号传输类型考虑,如 GOOSE 信号、SV 信号、MMS 信号。当然也可以考虑其他的一些连接属性(如控制信号、联闭锁信号等)以进行更高级的分析应用。

(3)可以对连接设置权重,以便在可视化布局中,用粗细表示不同连接。连接的虚端子数量、连接信息的流量大小等都可以考虑作为权重,并作为自动化布局中的考虑因素。

3. IED 节点——连接表

按照如前所述的 IED 节点属性信息和连接属性信息获取数据后便可以构成网络连接图的节点——连接表,典型的连接表如表4-5、表4-6所示。

表4-5 节点表

| 编号 | IED 名 | IED 描述 | IED 类型 | 电压等级 |
|---|---|---|---|---|
| 0 | pzb1a | 主变保护 | 保护 | 220 kV |
| 1 | pmx220a | | 合并单元 | 110 kV |

表4-6 支路表

| 源节点 ID | 目的节点 ID | 方向 | 边编号 | 支路名 | 权重 | 信息类型 | 信号类型 |
|---|---|---|---|---|---|---|---|
| 0 | 1 | Directed | 0 | ds1-ds2-5 | 2 | M1 | 跳闸 |
| 1 | 2 | Directed | 1 | m1-m2-5 | 1 | G1 | 电压 |
| 2 | 0 | Directed | 2 | input-ds1-5 | 1 | 2 | 电流 |

### (二)信息网络图布局技术分析及比较

网络图的可视化布局主要有力导布局、地图布局、圆形布局、聚类布局、层布局等类型[15-16]。通过对文献[15]中各种网络可视化布局技术进行比较,发现智能变电站 IED 之间的连接网络图最适合采用力导布局这种通用布局方式,它可适应于不同规模的网络,布局交叉小,布局优美。通过性能良好的图布局,可以更有效地描述智能站各 IED 的层次分布,发现并揭示各 IED 之间的关联关系,更方便地查找所关心的 IED 的相邻节点,对所有 IED 进行扫视浏览和集合操作等,不同算法的布局其效果差异是很大的。

电力系统网络图的布局方法主要有:模拟退火算法、蚁群算法、力导算法、动力学算法等。文献[10]采用力导算法展示输电网均匀接线图,文献[11]采用蚁群算法展示输电网单线图,文献[12]采用模拟退火算法展示输电网潮流图,文献[17]采用聚类算法的电压态势图展示配电网等,因此,对于反映 IED 设备之间的特征和信息挖掘有很好的优势。模拟退火算法和蚁群算法求解时间较长,尽管可采用调整算法参数的方法,但计算耗时仍解决不了。当用于需要快速形成图形的场景,则难以被接受,因此需要研究较为快速的图形可视化算法。

力导算法作为网络系统平面拓扑自动布局的一种流行算法,主要应用在文档布局、UML 用例图和类图、电路图布局,如输配电网图、网络拓扑图、大规模集成电路布局图等。考虑到后续的网络图布局还需进行图分析和可视化挖掘,采用力导算法是一种很好的选择。

**（三）改进力导算法的智能站信息连接图可视化布局**

**1.常规力导算法介绍**

基于力导向的算法是弹簧理论算法中的一种典型算法。将整个信息网络图想象成虚拟的物理系统，系统中的每个节点看作是具有一定能量的粒子，粒子与粒子之间存在着库仑斥力和胡克引力。粒子从开始的随机无序状态，在粒子间的斥力和引力作用下，不断发生位移，经过数次迭代后，粒子之间不再发生相对位移。整个物理系统的能量不断消耗，达到一种稳定平衡的状态。

针对已有力导算法的缺点，本书提出改进的力导算法，在进行迭代计算时，判断是否有固定的节点，如果不是固定节点则进行下一步，如果是固定的节点则不进入迭代计算，该改进用于分析固定母线保护、线路保护、变压器保护等 IED 的不同情况下的信息流图。针对不同电压等级的主接线情形，如 220 kV 站、500 kV 站和内桥接线，可固定不同的 IED 设备。其次，借鉴主接线图的大致布局，获取母线保护、线路保护、变压器保护等 IED 的初步布局，设备初始位置不是随机产生的，对不同电压等级的引力计算引入不同的权重，在节点迭代计算过程中引入重力系数，避免在大规模节点网络的边缘布点和孤立布局，从而影响整体布局效果。与常规的力导算法进行对比，将此方法用于某 220 kV 智能变电站 IED 设备关系图的自动生成，所述算法不仅可快速计算，且自动生成的信息流图结构清晰、布局均匀、方便查看。

**2.算法步骤**

第一步　读取 IED 连接信息流，并保存在邻接表中，节点连接表采用 Excel 文件格式，需要用程序读取 Excel 文件，并存放在邻接表矩阵中。

第二步　IED 节点和连接进行判断及筛选。对于无 IED 的连接，或者只有不超过 3 个 IED 的独立的连接单独进行显示，不参与到迭代算法运算，以避免造成图形过于散乱。

第三步　生成初始节点位置。根据 IED 描述，将 220 kV 的 IED 放入图的左上方区域，110 kV 的 IED 放入左下方区域，35 kV 的 IED 放入右下方区域，其他的 IED 放入右上方区域。考虑到双母线接线的特点，其主要连接集中在母线和主变，为了使力导布局算法最终布局能够体现双母线接线的特点，在生成初始节点位置时，将母线 IED 和主变 IED 设置为相对固定节点，并按照双母线接线方式生成母线 IED 和主变 IED 的位置，其他 IED 按照电压等级分区域随机生成初始位置。

第四步　判断节点类型是否是固定的节点，将母线 IED 和主变 IED 设置为相对固定节点，同时对于 IED 所属的电压等级，设置一定的迭代算法限制区，使得布局能够体现不同电压区域特点。母线 IED 和主变 IED 不参与迭代计算。

第五步　计算每次迭代局部区域内两两节点之间的斥力所产生的单位位移：

$$F_r = \frac{k_r q_1 q_2}{r^2} \tag{4-1}$$

式中　$F_r$——库仑力；

　　　$k_r$——库仑力系数；

　　　$q_1$——粒子 1 的电荷量；

$q_2$——粒子 2 的电荷量；

$r$——两个粒子之间的距离。

第六步　计算每次迭代每条边的引力对两端节点所产生的单位位移：

$$F_s = k_s(x - x_0) \tag{4-2}$$

式中　$F_s$——引力；

$k_s$——引力系数；

$x$——有形变时伸长或缩短的长度；

$x_0$——无形变时的长度。

第七步　累加经过斥力引力计算得到的所有节点的单位位移：

$$\left.\begin{aligned}\Delta x &= F_r \Delta t \\ \Delta y &= F_s \Delta t\end{aligned}\right\} \tag{4-3}$$

式中　$\Delta t$——步长；

$F_r$——库仑力；

$F_s$——引力；

$\Delta x$——横向位移；

$\Delta y$——纵向位移。

第八步　迭代 $n$ 次，直至达到理想效果。其中，$n$ 可以设置为 100 次。

第九步　输出可视化图形。用 plot 函数画出优化后的节点坐标。

改进力导算法的智能站信息连接图可视化布局的流程如图 4-37 所示。

**(四) 算法验证**

以下提出的算法采用 Matlab 进行了编程，对某智能变电站 SCD 文件信息流进行了可视化布局与展示。

该变电站为双母线接线的 220 kV 智能变电站，只考虑保护、合并单元、智能终端三种设备，其 IED 数量为 87 个，IED 之间的信息流关系有 277 个，信息流个数与 IED 数量比值为 3.184，采用力导算法是很合适的。初始化参数为：库仑力系数 $k_r = 1\,000$；斥力的系数 $k_s = 0.01$；位置初始 $L = 20$；位置系数 delta_t = 100；迭代次数为 1 000 次。

程序运行结果：图 4-38 为没有采用算法之前的初始位置，初始位置采用随机，所以不能清晰地显示

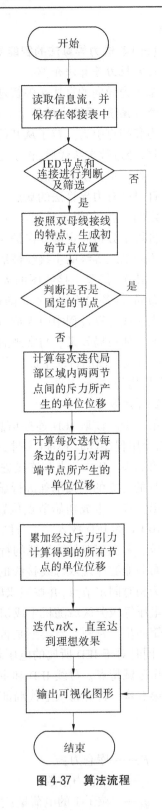

**图 4-37　算法流程**

各个 IED 设备之间的关系和连接特点,以及 220 kV A 网设备、220 kV B 网设备、110 kV 设备之间的关系。图 4-39 为采用常规力导算法的布局结果,常规力导算法的布局可以展示出各个 IED 设备之间的联系,不能展示 220 kV A 网设备、220 kV B 网设备、110 kV 设

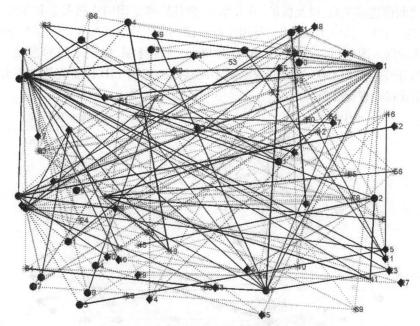

图 4-38　没有采用算法之前的初始位置

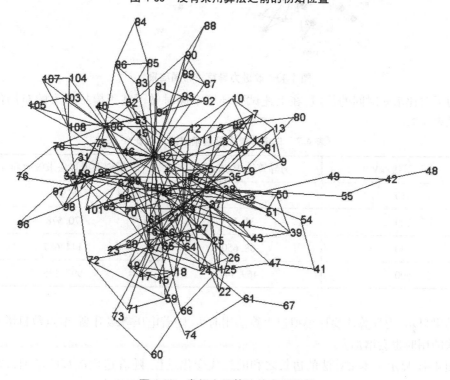

图 4-39　常规力导算法的布局结果

备之间的关系。图 4-40 为改进力导算法的布局结果，图 4-40 中对少于 2 个 IED 连接的未进行显示。结果显示采用了改进力导算法的 IED 虚端子连接图的边的交叉数，节点分布均匀度明显减少，同时能清晰地揭示双母线的连接特点，揭示 220 kV 中 A 网和 B 网，与 110 kV 之间的连接关系，以及保护、合并单元、智能终端之间的连接关系和主要节点的连接度等特征信息。其中，GOOSE 信号用虚线连接，SV 信号用实线连接。在此基础上可以进行更多的深入图分析和挖掘，比如：合并单元、智能终端、保护之间的连接关系，以及 500 kV 智能变电站和 110 kV 智能变电站不同接线方式的 IED 设备连接关系分析，甚至进行动态连接可视化分析。

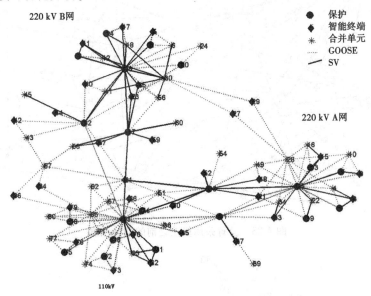

图 4-40　改进力导算法布局结果

为了对比求解时间的长短，在上述试验环境下同时做了基于模拟退火的布局仿真。结果见表 4-7。

表 4-7　与模拟退火算法求解时间对比

| 电压等级/kV | 力导算法求解时间/s | 模拟退火算法求解时间/s |
| --- | --- | --- |
| 110 | 3.282 | 6.906 |
| 220 | 31.109 | 70.578 |
| 330 | 68.650 | 144.687 |
| 500 | 469.141 | 997.125 |

结果显示，力导算法要比模拟退火算法用时少，随着电压等级升高，节点数目增加，两种算法的用时也会增加。

图 4-41 显示了本书算法的边长之和的迭代变化过程，随着迭代次数的增加，边长之和先增加，然后逐渐减小，当迭代达到 400 次之后，其值也趋于稳定。

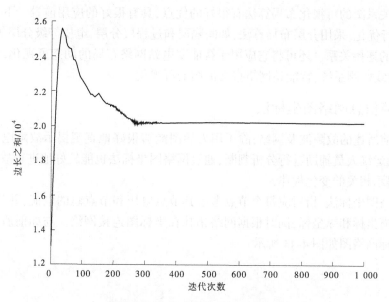

**图 4-41　迭代过程中边长之和的变化**

图 4-42 显示了本书算法的引力和斥力之和的迭代变化过程,随着迭代次数的增加,引力和斥力之和逐渐减小,当迭代达到 100 次之后,其值也趋于稳定。

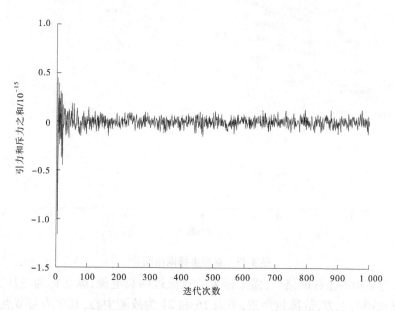

**图 4-42　迭代过程中引力和斥力之和的变化**

## (五) 小结

利用本书提出的基于改进力导算法自动生成的智能变电站 IED 间的虚端子连接信息流图生成速度快、无交叉点、各 IED 连接关系结构清晰,同时也很好地体现了对应的主接线的特点,便于后续更高级的图可视化交互和分析,论证了采用力导布局进行智能变电站 IED 连接关系图的可视化布局算法有很好的优点,具有很好的应用前景。下一步还可对该算法进行优化,采用分层布局算法,如间隔层和过程层分层、电压等级分层等,体现不同层次 IED 的连接关系。还可将它应用于智能变电站网络布局的动态可视化,如智能站故障信息、在线监测系统、智能站网络报文流图的可视化。

### 三、故障信息网络图坐标法

对于如前所述的故障波及网络,除了用力导图能够很好地直观揭示故障电流电压分布,从而帮助运维人员辅助进行分析判断,通过网络图坐标法也能较好地进行故障态势的分布变化,揭示相关的变化规律。

所谓网络图坐标法,指对应每个节点考虑其节点电压和节点总的电流,并将电压、电流分别作为横坐标和纵坐标,同时根据网络拓扑在坐标图连接网络。与如前所述的层次图相应的坐标网络图如图 4-43 所示。

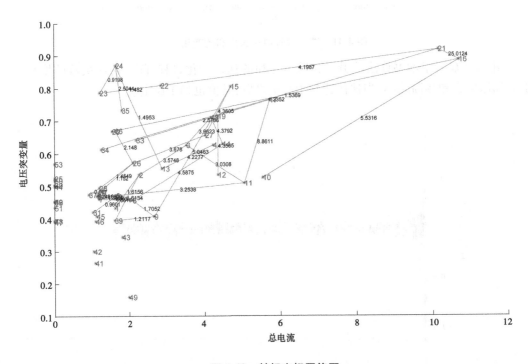

图 4-43　某相坐标网络图

图 4-43 为某相的坐标网络图,横坐标为节点流过的总电流,纵坐标为电压突变量变化,可见越靠近图右上方,故障越严重,节点 16 和 21 为故障中心,其次为与节点 21 和 16 相连接的节点 24、17 和 10。

相应的零序和负序分量也可以用相应的坐标网络图刻画,如图 4-44、图 4-45 所示。

由图 4-44、图 4-45 可知,零序和负序与故障分量的故障中心性差异,尤其是零序网络呈现出较大的差异。为此可以将故障分量和零序分别作为横坐标和纵坐标,进行对比分析,如图 4-46、图 4-47 所示。

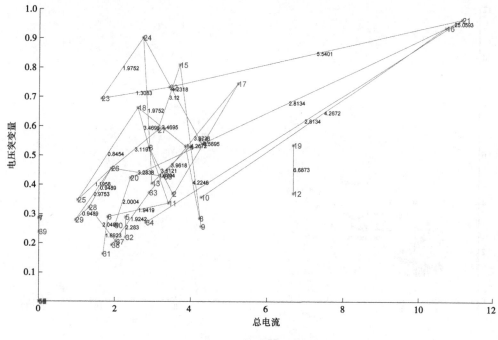

图 4-44 零序坐标网络图

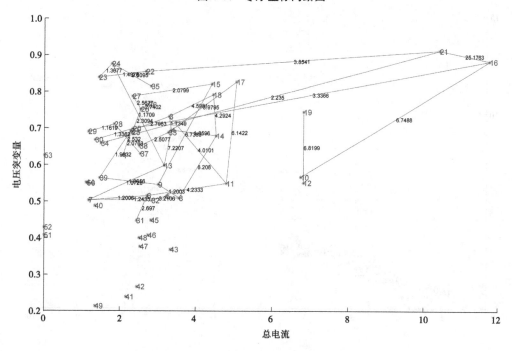

图 4-45 负序坐标网络图

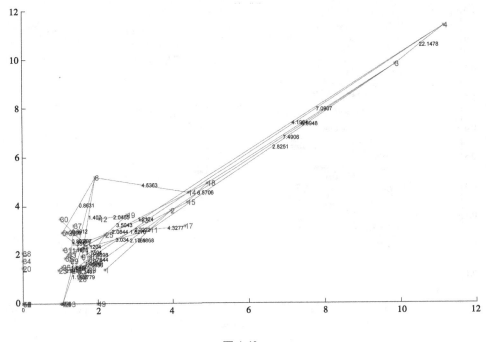

图 4-46

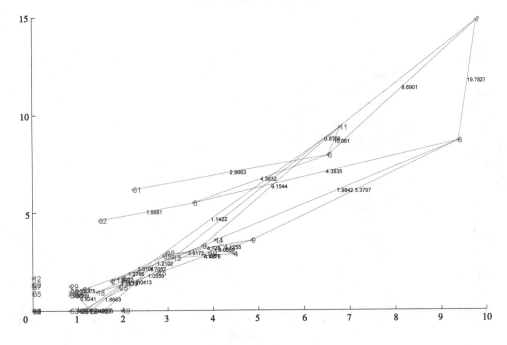

图 4-47

偏离对角线越大的,表示相应节点的零序和故障电流分量分布差异越大,根据此图也容易更直地观分析差异节点,以及这些节点处于网络中的位置。图 4-46、图 4-47 中节点 6 和 7 差异较大,该网络整体零序和故障电流分量差异较大。

### 四、故障信息的邻接矩阵法

网络本身可以用节点邻接矩阵表示,对于节点信号,如果考虑故障电流或者故障电压,则可以在一定上程度揭示故障中心及故障网络分布,但相对不是很直观,如图 4-48、图 4-49 所示。

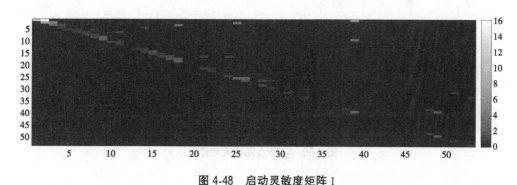

**图 4-48　启动灵敏度矩阵 1**

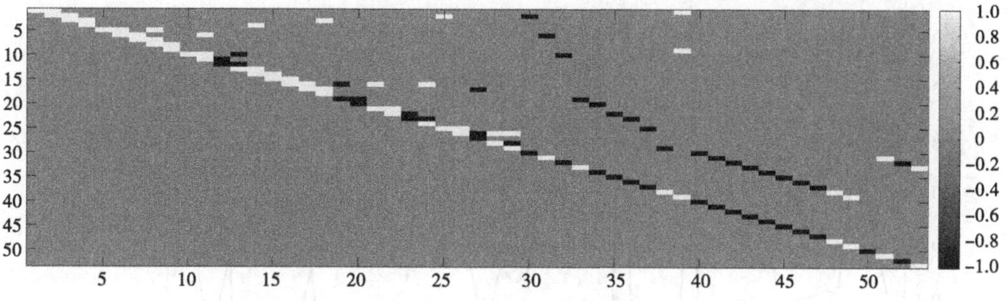

**图 4-49　启动灵敏度矩阵 2**

图 4-48 为启动时网络的故障电流分布,图 4-49 为网络中启动元件的启动情况分布。利用该图能够定量地分析网络故障量分布。

### 五、故障信息的谱方法

采用图信号处理方式,利用图傅里叶变换,对网络故障信息进行故障量变化的谱分析,能够从频域进行变化程度的分析。利用图高频分量中心性能够更准确地诊断故障中心,如图 4-50、图 4-51 所示。

如以之前的 39 节点为例,以支路故障电流为权重,节点电压为图信号,分别对故障分量,零序和负序分量进行频谱分析,以及图中心性分析。

由图 4-50、图 4-51 可见,虽然电压信号变化不大,但谱分析效果很好。信息熵方面零序效果最好。由于节点信号为电压信号,因此频谱的高频分量不大,但零序高频和中频较大,表明零序在整个网络的分布变化比其余两种分量更大。

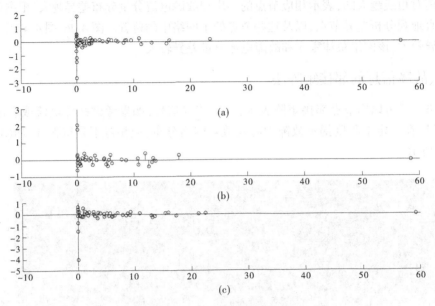

图 4-50　各节点图谱变化图

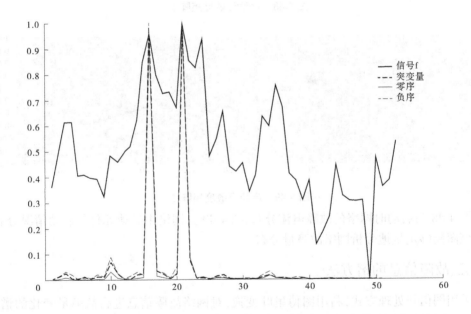

图 4-51　各节点重要度分布图

若以节点平均故障电流为节点信号,支路故障电流为权重,则频谱变化更大(见图 4-52),对于环网或者复杂网络,此种模式效果较好,但对于串联的多级网络效果不佳。

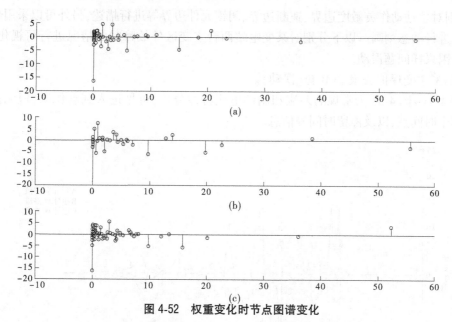

图 4-52 权重变化时节点图谱变化

图 4-53 中频谱分析中最高频分量均较大,尤其负序和零序分量高频分量较大,图中心性上故障节点中心与其余非故障节点差异也非常明显。

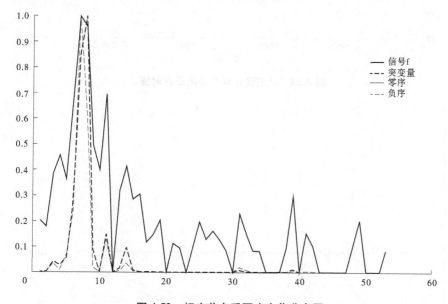

图 4-53 相应节点重要度变化分布图

## 六、差动动态可视化方法

对于差动保护而言,目前常规的分析诊断方法是采用差流和制动电流比较,并在差动制动特性曲线上进行分析,但对于距离动作边界随着时间的变化刻画则不是很直观,因此可以采用差动保护灵敏度动态时序图和态势感知图进行刻画。其主要方法是在时间轴上,分别对差动动作灵敏度边界、速断边界、闭锁元件边界等进行描述,另外可以采用热点图方式进行动态刻画。以下分别对某变电站两台主变区外故障时的情况进行可视化,其中一台因采样问题误动。

(1)3#主变保护 A 套和 B 套(误动)。

图 4-54~图 4-56 为常规的差流和制动电流特性分析,可见进入到动作区,但无法描述在哪个时间点,以及停留时间等信息。

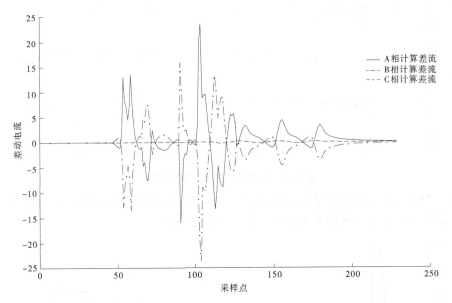

图 4-54　3#主变计算差动电流瞬时值

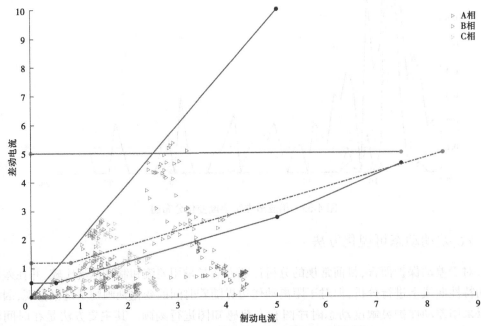

图 4-55　3#主变 K 值变化曲线图-相量法(三相动作)

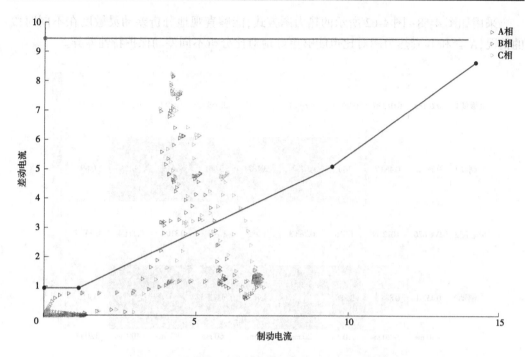

**图 4-56　3#主变 K 值变化曲线图-相量法(两相动作)**

图 4-57 的灵敏度动态曲线则能够更好地刻画在哪个时间区间发生的误动。

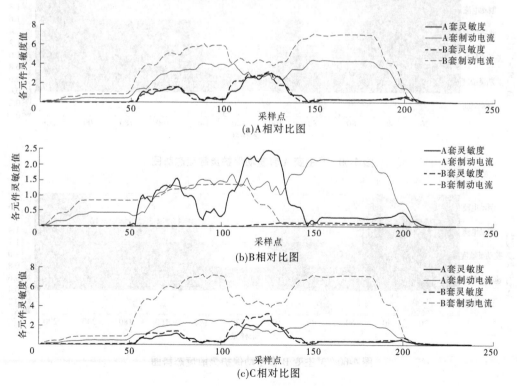

**图 4-57　3#主变动态时序图**

采用如图 4-58~图 4-62 所示的热力图方式,能够直观地分析差动灵敏度在不同时段的情况,A 套和 B 套热力图对比也能够更好地对比分析不同差动保护特性差异。

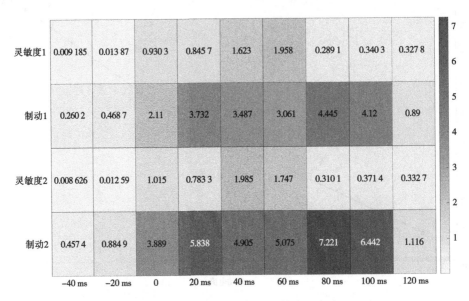

图 4-58　3#主变 A 相对比图–热力图方式

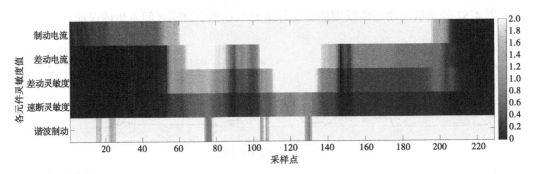

图 4-59　3#主变 A 套差动保护灵敏度态势图

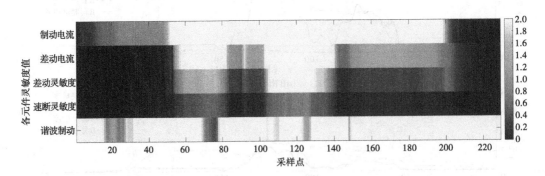

图 4-60　3#主变 B 套差动保护灵敏度态势图

| 制动电流 | 0.260 2 | 0.468 7 | 2.11 | 3.732 | 3.487 | 3.061 | 4.445 | 4.12 | 0.89 | 7 |
|---|---|---|---|---|---|---|---|---|---|---|
| 差动电流 | 0.005 511 | 0.008 354 | 1.436 | 1.747 | 3.061 | 3.387 | 0.716 9 | 0.789 | 0.335 5 | 6 5 |
| 差动灵敏度 | 0.009 185 | 0.013 87 | 0.930 3 | 0.845 7 | 1.623 | 1.958 | 0.289 1 | 0.340 3 | 0.327 8 | 4 3 |
| 速断灵敏度 | 0.001 102 | 0.001 671 | 0.287 2 | 0.349 4 | 0.612 1 | 0.677 5 | 0.143 4 | 0.157 8 | 0.067 11 | 2 |
| 谐波制动 | 4.762 | 5.24 | 5.909 | 6.178 | 5.173 | 5.394 | 7.664 | 6.954 | 5.664 | 1 |
| | −40 ms | −20 ms | 0 | 20 ms | 40 ms | 60 ms | 80 ms | 100 ms | 120 ms | |

图 4-61 A 套差动保护灵敏度态势数值图

| 制动电流 | 0.457 4 | 0.884 9 | 3.869 | 5.838 | 4.905 | 5.075 | 7.221 | 6.442 | 1.116 | 7 |
|---|---|---|---|---|---|---|---|---|---|---|
| 差动电流 | 0.010 06 | 0.014 68 | 2.667 | 2.474 | 5.298 | 4.619 | 1.225 | 1.298 | 0.499 4 | 6 5 |
| 差动灵敏度 | 0.008 626 | 0.012 59 | 1.015 | 0.783 3 | 1.985 | 1.747 | 0.310 1 | 0.371 4 | 0.332 7 | 4 3 |
| 速断灵敏度 | 0.001 064 | 0.001 553 | 0.282 2 | 0.261 8 | 0.560 6 | 0.488 8 | 0.129 7 | 0.137 3 | 0.052 85 | 2 |
| 谐波制动 | 3.742 | 2.393 | 4.3 | 6.752 | 4.284 | 4.982 | 4.328 | 3.976 | 4.293 | 1 |
| | −40 ms | −20 ms | 0 | 20 ms | 40 ms | 60 ms | 80 ms | 100 ms | 120 ms | |

图 4-62 B 套差动保护灵敏度态势数值图

采用热力图方式,还可以利用人工智能的图形识别进行更高级的诊断分析。如自动判断分析识别变压器差动保护动作行为等。

(2)2#主变保护 A 套和 B 套。

根据常规制动特性图(见图 4-63～图 4-65)可见差动保护始终处于制动区,保护没有误动,但距离动作边界和在哪个时间段这些信息则无法揭示。

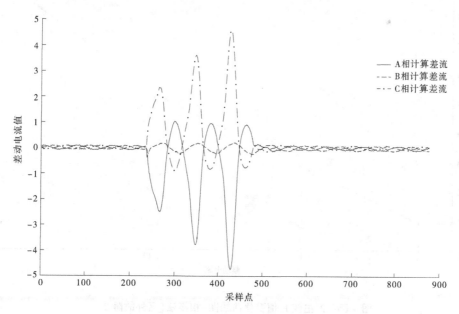

图 4-63 2#主变计算差动电流瞬时值

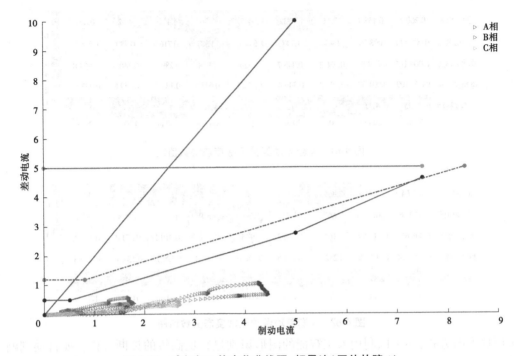

图 4-64  2#主变 K 值变化曲线图-相量法(区外故障 1)

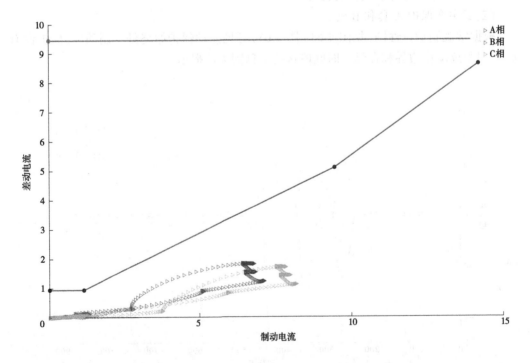

图 4-65  2#主变 K 值变化曲线图-相量法(区外故障 2)

动态时间线(见图 4-66)能够从时间变化角度刻画安全裕度情况。

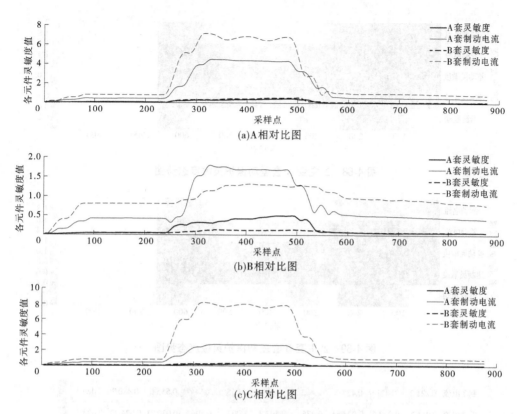

图 4-66　2#主变差动保护动态时序图

区外故障的热力图(见图 4-67~图 4-71)揭示了差动电流和制动电流的变化对比情况。

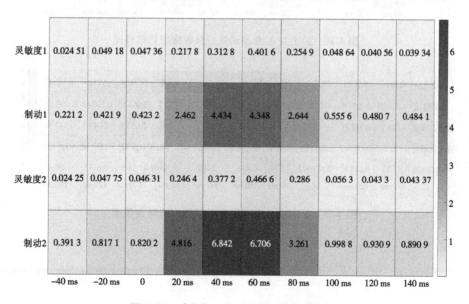

图 4-67　2#主变 A 相对比图-热力图方式

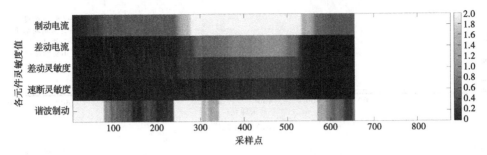

图 4-68　2#主变 A 套差动保护灵敏度态势图

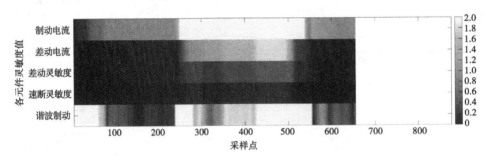

图 4-69　2#主变 B 套差动保护灵敏度态势图

| | −40 ms | −20 ms | 0 | 20 ms | 40 ms | 60 ms | 80 ms | 100 ms | 120 ms | 140 ms |
|---|---|---|---|---|---|---|---|---|---|---|
| 制动电流 | 0.221 2 | 0.421 9 | 0.423 2 | 2.462 | 4.434 | 4.348 | 2.644 | 0.555 6 | 0.480 7 | 0.484 1 |
| 差动电流 | 0.014 71 | 0.029 51 | 0.028 41 | 0.375 | 0.793 7 | 1.003 | 0.496 | 0.030 21 | 0.024 33 | 0.023 6 |
| 差动灵敏度 | 0.024 51 | 0.049 18 | 0.047 36 | 0.217 8 | 0.312 8 | 0.401 6 | 0.254 9 | 0.048 64 | 0.040 56 | 0.039 34 |
| 速断灵敏度 | 0.002 941 | 0.005 902 | 0.005 683 | 0.074 99 | 0.158 7 | 0.200 5 | 0.099 21 | 0.006 042 | 0.004 867 | 0.004 721 |
| 谐波制动 | 5.307 | 0.422 8 | 0.423 7 | 3.937 | 2.636 | 3.626 | 6.502 | 1.495 | 1.052 | 0.479 1 |

图 4-70　2#主变 A 套差动保护灵敏度态势数值图

| | −40 ms | −20 ms | 0 | 20 ms | 40 ms | 60 ms | 80 ms | 100 ms | 120 ms | 140 ms |
|---|---|---|---|---|---|---|---|---|---|---|
| 制动电流 | 0.391 3 | 0.817 1 | 0.820 2 | 4.816 | 6.842 | 6.706 | 3.261 | 0.998 8 | 0.930 9 | 0.890 8 |
| 差动电流 | 0.028 28 | 0.055 68 | 0.054 | 0.775 5 | 1.45 | 1.765 | 0.750 7 | 0.065 15 | 0.050 49 | 0.050 57 |
| 差动灵敏度 | 0.024 25 | 0.047 75 | 0.046 31 | 0.246 4 | 0.377 2 | 0.466 6 | 0.286 | 0.056 3 | 0.043 3 | 0.043 37 |
| 速断灵敏度 | 0.002 992 | 0.005 892 | 0.005 714 | 0.082 06 | 0.153 4 | 0.186 7 | 0.079 43 | 0.006 895 | 0.005 343 | 0.005 351 |
| 谐波制动 | 4.217 | 0.275 8 | 0.337 4 | 3.394 | 1.489 | 2.009 | 3.785 | 0.539 6 | 0.633 | 0.286 1 |

图 4-71　2#主变 B 套差动保护灵敏度态势数值图

# 参 考 文 献

[1] 颜晟,苏广宁,张沛超,等.基于故障录波时序信息的电网故障诊断[J].电力系统保护与控制,2011,39(17):114-119.

[2] 李乃永,梁军,李磊,等.基于广域故障录波信息的调度端电网故障诊断系统[J].电力系统自动化,2014,38(16):100-104.

[3] 夏可青,陈根军,李力,等.基于多数据源融合的实时电网故障分析及实现[J].电力系统自动化,2013,37(24):81-88.

[4] 肖飞,杨国健,邓祥力,等.基于电网故障拓扑分析及多数据综合的复杂故障诊断方法[J].水电能源科学,2020,38(2):189-192.

[5] 宁剑,任怡睿,林济铿,等.基于人工智能及信息融合的电力系统故障诊断方法[J].电网技术,2021,45(28):2925-2933.

[6] 祁忠,笪竣,张海宁,等.新一代继电保护及故障信息管理主站的设计与实现[J].江苏电机工程,2014,33(4):8-12.

[7] 雷明,陈一惊,刘峰,等.D5000继电保护设备在线监视及分析应用提升[J].电网技术,2020,44(3):1197-1202.

[8] 郄朝辉,崔晓丹,李威,等.一种支撑电网故障感知与分析的全景录波平台[J].中国电力,2018,51(12):88-94.

[9] 胡昌斌,熊小伏,王胜涛.一种继电保护启动元件的在线评估方法[J].电工电气,2010(11):31-34.

[10] 刘仲民,呼彦喆,张鑫.电网故障智能诊断技术研究综述[J].南京师大学报(自然科学版),2019,42(3):138-144.

[11] 杨旭华,朱钦鹏,童长飞.基于Laplacian中心性的密度聚类算法[J].计算机科学,2018,45(1):292-296,306.

[12] 许立雄,刘俊勇,刘洋,等.节点重要度的分类综合评估[J].中国电机工程学报,2014,34(10):1609-1617.

[13] 任晓龙,吕琳媛.网络重要节点排序方法综述[J].科学通报,2014,59(13):1175-1197.

[14] Taras Agryzkov, Leandro Tortosa, Jose′F Vicent. A centrality measure for urban networks based on the eigenvector centrality concept[J]. Environment and Planning B: Urban Analytics and City Science, 2019,46(4):668-689.

[15] Sharkey Kieran J. Localization of eigenvector centrality in networks with a cut vertex[J]. Physical review. E,2019,99(1-1).

[16] Solá Luis, Romance Miguel, Criado Regino, et al. Eigenvector centrality of nodes in multiplex networks[J]. Chaos (Woodbury, N. Y.),2013,23(3).

[17] 田兴亚,牟永敏,张志华.基于变量依赖关系模型的变量重要性度量方法[J].科学技术与工程,2020,20(19):7772-7779.

[18] Bojan MOHAR. Oome applications of Laplace eigenvalues of graphs[J]. Graph Symmetry: algebraic methods and applications,1997(497):227-275.

［19］ Phillip Bonacich. Some unique properties of eigenvector centrality［J］. Social Networks,2007(29)：555-564.

［20］ B s Manoj, Abhishek Chakraborty, Rahul Singh. Complex Networks-A Networking and Signal Processing Perspective［M］. China Machine Press,2018.

［21］ Reisch Julian, Großmann Peter, Pöhle Daniel, et al. Conflict Resolving-A Local Search Algorithm for Solving Large Scale Conflict Graphs in Freight Railway Timetabling［J］. European Journal of Operational Research,2020.

［22］ 王增华,窦青春,王秀莲,等.智能变电站二次系统施工图设计表达方法［J］.电力系统自动化,2014,38(6)：112-116.

［24］ 张巧霞,贾华伟,叶海明,等.智能变电站虚拟二次回路监视方案设计及应用［J］.电力系统保护与控制,2015,43(10)：123-128.

［24］ 刘明忠,童晓阳,郑永康,等.智能变电站配置描述虚端子多视角图形化查看系统［J］.电力系统自动化,2015,39(22)：104-109,144.

［25］ 杨毅,高翔,朱海兵,等.智能变电站 SCD 应用模型实例化研究［J］.电力系统保护与控制,2015,43(22)：107-113.

［26］ 孙志鹏.智能变电站安全措施及其可视化技术研究［D］.北京:华北电力大学,2014.

［27］ 何志鹏,郑永康,李迅波,等.智能变电站二次设备仿真培训系统可视化研究［J］.电力系统保护与控制,2016,44(6)：111-116.

［28］ 章坚民,叶义,徐冠华.变电站单线图模数图一致性设计与自动成图［J］.电力系统自动化,2013,37(9)：84-91.

［29］ 朱永利,栗然,刘艳.电力系统厂站主接线图的自动生成［J］.中国电力,1999(11)：58-60,65.

［30］ 章坚民,方文道,胡冰,等.基于分区和变电站内外模型的区域电网单线图自动生成［J］.电力系统及其自动化,2012,36(5)：72-85.

［31］ 卢志刚,李学平.基于蚁群的在线理论线损分析用输电网单线图自动布局［J］.电力系统及其自动化,2011,35(21)：74-77.

［32］ 章坚民,叶义,陈立跃,等.基于新型力导算法的省级输电网均匀接线图自动布局［J］.电力系统及其自动化,2013,37(11)：107-111.

［33］ 徐彭亮,何光宇,梅生伟,等.基于地理信息的输电网单线图自动生成新算法［J］.电网技术,2008(21)：9-12.

［34］ 孙扬,蒋远翔,赵翔,等.网络可视化研究综述［J］.计算机科学,2010,37(2)：12-18,30.

［35］ 水超,陈涛,李慧,等.基于力导向模型的网络图自动布局算法综述［J］.计算机工程与科学,2015,37(3)：457-465

［36］ 章坚民,陈昊,陈建,等.智能电网态势图建模及态势感知可视化的概念设计［J］.电力系统自动化,2014,38(9)：168-176.

［37］ 肖卫东,孙扬,赵翔,等.层次信息可视化技术研究综述［J］.小型微型计算机系统,2011,32(1)：137-146.

［38］ XIAO Wei-dong,SUN Yang,ZHAO Xiang,et al. Survey on the Research of Hierarchy Information Visualization［J］. Journal of Chinese Computer Systems,2011,32(1)：137-146.